工业机器人应用与维护职业认知

主　编　张扬吉
参　编　陈延峰　陈鸿杰　林　光　何子健　温利莉
　　　　邹　攀　匡伟民　邓米美　杨强华

机械工业出版社

本书是根据国家一体化课程改革的精神，直面珠三角地区的产业升级，结合"工学结合"的教育理念，基于学生对职业认知规律的过程而编写。

本书主要包括工业机器人应用与维护专业认知、工业机器人企业调研、职业生涯规划。全书通过三个任务，让读者系统了解工业机器人应用与维护专业的职业内容、行业发展情况、就业方向、职业晋升途径等，从而做好个人职业生涯的规划，做到有目的学习，为就业奠定坚实基础。

本书可作为技工院校工业机器人应用与维护专业的教材，也可供从事或想从事工业机器人应用与维护工作的工程技术人员参考。

图书在版编目（CIP）数据

工业机器人应用与维护职业认知/张扬吉主编. —北京：机械工业出版社，2023.5

ISBN 978-7-111-72359-2

Ⅰ.①工… Ⅱ.①张… Ⅲ.①工业机器人-应用②工业机器人-维修 Ⅳ.①TP242.2

中国国家版本馆 CIP 数据核字（2023）第 031572 号

机械工业出版社（北京市百万庄大街22号　邮政编码100037）
策划编辑：侯宪国　　　　　责任编辑：侯宪国
责任校对：郑　婕　张　征　封面设计：马精明
责任印制：单爱军
北京虎彩文化传播有限公司印刷
2023年5月第1版第1次印刷
184mm×260mm·5.75印张·136千字
标准书号：ISBN 978-7-111-72359-2
定价：25.00元

电话服务　　　　　　　　　网络服务
客服电话：010-88361066　　机　工　官　网：www.cmpbook.com
　　　　　010-88379833　　机　工　官　博：weibo.com/cmp1952
　　　　　010-68326294　　金　书　网：www.golden-book.com
封底无防伪标均为盗版　机工教育服务网：www.cmpedu.com

前 言

"工业机器人应用与维护职业认知"课程主要对新生开设。新生刚入校，对工业机器人还不了解，此时需要从对专业整体认知情况、对工作岗位了解情况、对工作现场了解情况、对自己职业发展目标定位情况四个方面入手，让学生对工业机器人专业有一个概括性的认识。

本书分三个学习任务。学习任务一是工业机器人应用与维护专业认知，首先教师对任务进行介绍，让学生了解机器人的由来与发展、组成与技术参数、分类与应用、工作站基本组成等，运用头脑风暴和引导文教学法、关键词教学法把枯燥的内容让学生通过做中学快乐地完成。通过播放视频短片，让学生清晰地认知工业机器人在不同领域的具体应用情况，通过现场演示法，让学生对工业机器人的关节与运动特征有感性认识，并厘清运动路径与关节之间的关系。接着，让学生分组通过互联网搜索相关的信息，通过思维导图的方式把获取到的信息根据工业机器人的种类和应用、工业机器人应用与维护专业现状等进行归纳。最后，通过展示、分享来达到知识共享的目的，这样学生不但掌握了相应的知识点，还从中锻炼了思维能力和表达能力。此外，我们不仅在课堂上学习，还把企业参观调研这一环节作为职业认知教学的重点。学习任务二是工业机器人企业调研，组织学生到企业去现场参观调研，在调研之前要先做好计划，让学生明确到企业调研的目的和意义，去企业调研前需要准备哪些工作，去参观调研的过程中需要注意什么、调研什么等，使学生有针对性地调研，从而认识专业，树立专业学习的自信心，最终认同专业，热爱专业，更好地学习。学习任务三是职业生涯规划，通过本任务，学生对专业有了全面的认知，能够系统地了解本专业的基本知识，对未来就业的企业及岗位、岗位所需要的知识和技能都有所掌握，学生在学习的过程中就会有更强的目标，从而引导学生在有限的时间里做好自己职业生涯的规划。各学习任务坚持以学生为主体，辅以教师讲授，最大限度地调动学生学习的积极性和兴趣。

全书由广州市工贸技师学院张扬吉主编并统稿，参加本书编写的还有广州市工贸技师学院工业机器人应用与维护专业组的陈延峰、陈鸿杰等老师。感谢工业机器人课题组全体成员的大力支持和指导。

由于编者水平有限，本书涉及的知识范围很广，书中难免有所疏漏，敬请广大读者批评指正。

编　者

目 录

学习任务一

工业机器人应用与维护专业认知

学习目标

通过教师的介绍和对工业机器人工作站的观摩，学生对工业机器人在生产中的应用情况能有一个比较全面的认识，包括：

1）能够区分机器人与工业机器人，能准确描述机器人的类型和应用。

2）能分析工业机器人行业发展趋势及我国对机器人行业发展的政策支持。

3）能准确描述工业机器人的基本组成及各组成部分的功能。

4）能从宏观的角度洞察应用在自动化和机器人行业的组织和技术，对工作过程有明确认识。

5）对机电一体化组件、单元和工作站进行功能性分析，能够理解工作站的结构和基本原理。

6）对工业机器人应用与维护专业状态有清晰认识，增强专业的认同感。

建议学时

24 学时。

工作情境描述

学生通过老师的介绍、参观工业机器人的实训设备、观看智能制造的视频、搜索互联网等，由小组分工合作收集并整理机器人及工业机器人的相关信息，并通过展示、分享获得的信息相互学习，以便对工业机器人的发展史、机器人种类、机器人的典型应用、机器人的发展趋势、工业机器人的结构、工业机器人的配套设备等基本情况有大致的了解，从而对本专业所需要学习的内容有比较全面的认知。

教学流程与活动

1）工业机器人职业认知信息收集。

2）制订工业机器人职业认知计划。

3）实施工业机器人职业认知。

4）评价职业认知。

学习活动 1 工业机器人职业认知信息收集

学习目标

1）结合实际情况分析工业机器人职业认知的重要性。
2）能总结出工业机器人职业认知的手段。
建议学时：2 学时。

学习准备

教材、实训室设备、多媒体设备和互联网资源，互联网资源如下：
1）百度 https：//www. baidu. com。
2）广东省机器人协会 http：//www. gdsjqr. com。
3）广州市机器人协会 http：//www. canton-robot. com。
4）中国机器人产业联盟 http：//cria. mei. net. cn。
5）国际智能制造产业联盟 https：//www. smartmfg. org。

学习过程

 引导问题一：为什么要使用工业机器人？

富士康"百万机器人"上岗折射中国制造业升级

2011 年，富士康表示希望到 2012 年底装配 30 万台机器人，到 2014 年装配 100 万台，要在 5~10 年内建成首批完全自动化工厂，并在数年内通过自动化消除简单重复性的人工劳动。机器人的投产使用，可将目前的人力资源转移到具备更高附加值的岗位上，这也符合将我国由"人口红利"转为"人才红利"的大目标。工业机器人的井喷潮涌，何时会蔓延到"中国制造"的每一个工厂、每一条生产线、每一道工序、每一个工位上？又将会为"中国制造"的转型提"智"做出何等贡献？我们对此充满期待。

要求：

1）用关键词法列出上述文字的关键词，通过关键词复述故事。

2）通过分析以上内容，最终得出什么结论？

引导问题二：工业机器人职业认知从哪几个方面入手？

一、工业机器人发展现状

1）机器人发展概述。

2）工业机器人企业发展情况。

3）影响我国机器人发展的因素有哪些？

4）我国对工业机器人的发展有哪些政策支持？

5）国产品牌与进口品牌的工业机器人差距在哪里？

二、认识工业机器人及其应用

1）工业机器人有哪些类型？

2）工业机器人的构成有哪些主要部件？

3）工业机器人传感器有哪些？

三、工业机器人应用与维护专业现状

1）有哪些学校开设工业机器人应用与维护专业？

2）通过了解工业机器人企业的招聘信息，了解工业机器人的就业岗位。

3）工业机器人各就业岗位需要哪些技能？

4）工业机器人职业资格证（行业）证书的使用情况如何？

5）工业机器人应用与维护专业就业前景如何？

6）工业机器人企业有哪些？

7）工业机器人有哪些主要品牌？

学习活动 2 制订工业机器人职业认知计划

学习目标

1）能通过教材、互联网等，结合工业机器人认知需要解决的问题制订职业认知计划。
2）能分析职业认知计划的可行性。
建议学时：2 学时。

学习准备

教材、实训室设备、多媒体设备、互联网资源，互联网资源参考本任务学习活动 1。

学习过程

1）各小组对照工业机器人职业认知所需要厘清的问题清单，根据实际情况进行分工、研讨并完成表 1-1 的填写。

表 1-1 工业机器人职业认知计划表

小组：_____

序号	工作内容	负责人	完成时间
1			
2			
3			
4			
5			
6			
7			
8			
9			
10			
11			

2）小组间对制订出来的计划进行评价，分析各组计划的优缺点，填写表 1-2，各组根据提出的问题完善计划。

表 1-2　工业机器人职业认知计划评价表

小组	优点	不足	改进建议

学习活动 3　实施工业机器人职业认知

学习目标

通过查阅教材、听教师讲授、运用互联网、企业调研等，完成下列学习目标：

1）能分析工业机器人行业发展趋势。

2）能准确描述机器人的类型和应用。

3）能准确描述工业机器人的基本组成及各组成部分的功能。

4）能从宏观的角度洞察应用在自动化和机器人行业的组织和技术，对工作过程有明确认识。

5）对机电一体化组件、单元和工作站进行功能性分析，能够理解工作站的结构和基本原理。

6）对工业机器人应用与维护专业状态有清晰认识，从而增强专业的认同感。

建议学时：18 学时。

学习准备

教材、实训室设备、多媒体设备、互联网资源，互联网资源参考本任务学习活动 1。

学习过程

 第一部分：工业机器人的发展

一、机器人的由来

1921 年，捷克作家卡雷尔·恰佩克发表了科幻剧作《罗萨姆万能机器人》，讲述机器人被作为人类生产的工业产品推向市场，让其以呆板的方式从事繁重的劳动，在工厂和家务劳动中，机器人成了必不可少的成员。剧中的"Robota"一词后来演化成了"Robot"，成为"机器人"的代名词。

二、机器人的三原则

1950 年，美国科幻小说家加斯卡·阿西莫夫在他的小说《我，机器人》中，提出了著名的"机器人三原则"，即：

1）机器人不能危害人类，不能眼看人类受害而袖手旁观。

2）机器人必须服从于人类，除非这种服从有害于人类。

3）机器人应该能够保护自身不受伤害，除非为了保护人类或者人类命令它做出牺牲。

三、机器人的分类

机器人大体可以分为五类：工业机器人、服务机器人、特种机器人、仿人机器人和仿生机器人。

1. 工业机器人

工业机器人是广泛用于工业领域的多关节机械手或多自由度的机器装置，具有一定的自动性，可依靠自身的动力能源和控制能力实现各种工业加工、制造功能。工业机器人被广泛应用于电子、物流、化工等工业领域中。

美国对工业机器人的定义：一种用于移动各种材料、零件、工具或专用装置的，通过程序动作来执行各种任务的，并具有编程能力的多功能操作机。

日本对工业机器人的定义：一种带有存储器件和末端操作器的通用机械，它能够通过自动化的动作替代人类劳动。

中国对工业机器人的定义：一种自动化的机器，所不同的是这种机器具备一些与人或者生物相似的智能能力，如感知能力、规划能力、动作能力和协同能力，是一种具有高度灵活性的自动化机器。

ISO 标准对工业机器人的定义：一种能自动控制，可重复编程，多功能、多自由度的操作机，能搬运材料、工件或操持工具来完成各种作业。

总的来说，工业机器人是一种在计算机控制下的可编程自动机器。它具有四个基本特征：

1）特定的机械机构。

2）通用性。

3）不同程度的智能化。

4）独立性。

工业机器人是目前技术上最成熟的机器人，它实质上是根据预先编制的程序自动重复工作的自动化机器，所以这种机器人也称为重复型工业机器人。

2. 服务机器人

服务机器人是机器人家族中的一个年轻成员，尚没有一个严格的定义。不同国家对服务机器人的定义也不同。

服务机器人可以分为专业领域服务机器人和个人、家庭服务机器人。

服务机器人的应用范围很广，主要从事维护保养、修理、运输、清洗、保安、救援、监护等工作。国际机器人联合会给了服务机器人一个初步的定义：服务机器人是一种半自主或全自主工作的机器人，它能完成有益于人类健康的服务工作，但不包括从事生产的设备。这里，我们把其他一些贴近人们生活的机器人也列入其中。

1999 年底世界上的服务机器人几乎都是行业用的机器人。这些专用机器人的主要应用领域有：医用机器人，多用途移动机器人平台，水下机器人及清洁机器人。而家用机器人的总销售量超过 30 万台，它表明服务机器人市场即将进入一个崭新的阶段。从需求及设备现有的技术水平来看，残疾人用的机器人还没有达到人们预期的目标。未来 10 年，助残机器人肯定会成为服务机器人的一个关键领域。

服务机器人普及的主要困难一个是价格问题，另一个是用户对机器人的益处、效率及可靠性了解不足。

3. 特种机器人

特种机器人一般是由经过专门培训的人员操作或使用的，辅助或代替人执行任务的机器人。

特种机器人指除工业机器人、公共服务机器人和个人服务机器人以外的机器人。一般专指专业服务机器人。

根据特种机器人所应用的主要行业，可将特种机器人分为：农业机器人、电力机器人、建筑机器人、物流机器人、医用机器人、护理机器人、康复机器人、安防与救援机器人、军用机器人、核工业机器人、矿业机器人、石油化工机器人、市政工程机器人和其他行业机器人。

根据特种机器人使用的空间（陆域、水域、空中、太空），可将特种机器人分为：地面机器人、地下机器人、水面机器人、水下机器人、空中机器人、空间机器人和其他机器人。

根据特种机器人的运动方式可分为：轮式机器人、履带式机器人、足腿式机器人、蠕动式机器人、飞行式机器人、潜游式机器人、固定式机器人、喷射式机器人、穿戴式机器人、复合式机器人和其他运动方式机器人。

根据特种机器人的功能可分为：采掘机器人、安装机器人、检测机器人、维护机器人、维修机器人、巡检机器人、侦察机器人、排爆机器人、搜救机器人、输送机器人、诊断机器人、医疗机器人、康复机器人和清洁机器人等（见图1-1~图1-5）。

图1-1 扫地机器人

图1-2 送餐机器人

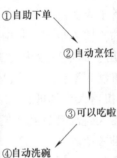

①自助下单
②自动烹饪
③可以吃啦
④自动洗碗

图1-3 烹饪机器人

图 1-4　排爆机器人

图 1-5　医疗机器人

4. 仿人机器人

模仿人的形态和行为而设计制造的机器人就是仿人机器人，一般分别或同时具有仿人的四肢和头部。机器人一般根据不同应用需求被设计成不同形状，如运用于工业的机械臂、轮椅机器人、步行机器人等。仿人机器人是集机械、电子、计算机、材料、传感器、控制技术等多门科学于一体的，代表着一个国家的高科技发展水平。从机器人技术和人工智能的研究现状来看，要完全实现高智能、高灵活性的仿人机器人还有很长的路要走，而且，人类对自身也没有彻底地了解，这些都限制了仿人机器人的发展。

仿人和高仿真是目前机器人发展的主要方向，各国科学家都正在积极进行仿人机器人的研发。

世界上最早的仿人机器人研究组织出现于日本，1973 年，早稻田大学加藤一郎教授成立了大学和企业之间的联合研究组织，其目的是研究仿人机器人，并突破了仿人机器人研究中最关键的一步——两足步行。1996 年，本田公司研制出了自己的第一台仿人步行机器人样机 P2，2000 年 11 月，又推出了最新一代的仿人机器人 ASIMO（见图 1-6）。国防科技大学也在 2001 年 12 月独立研制出了我国第一台仿人机器人。

在 2005 年爱知世博会上，大阪大学展出了一台名叫 Repliee Q1 Expo 的女性机器人。该机器人的外形复制自日本新闻女主播藤井雅子，动作细节与人极为相似。参观者很难在较短时间内发现这其实是一个机器人。

在仿人机器人领域，日本和美国的研究最为深入。日本侧重于外形仿真，美国则侧重用计算机模拟人脑的研究。

我国也逐渐开始关注这个领域。由北京理工大学牵头，多个单位参加，历经三年攻关打造了仿人机器人"汇童"。"汇童"是集机构、控制、传感器、

图 1-6　ASIMO（阿西莫）

电源于一体的高度集成，具有视觉、语音对话、力觉、平衡觉等功能的仿人机器人。"汇童"在国际上首次实现了模仿太极拳、刀术等人类复杂动作，是在仿人机器人复杂动作设计与控制技术上的突破。

仿人机器人是一个国家高科技综合水平的重要标志，在人类生产、生活中有着广泛的用途。由于仿人机器人具有人类的外观特征，因而可以适应人类的生活和工作环境，代替人类

完成各种作业。它不仅可以在有辐射、粉尘、有毒的环境中代替人们作业，还可以在康复医学上形成动力型假肢，协助瘫痪病人实现行走的梦想。将来它可以在医疗、生物技术、教育、救灾、海洋开发、机器维修、交通运输、农林水产等多个领域得到广泛应用。目前，我国仿人机器人研究与世界先进水平相比还有差距，我国科技工作者正在为赶超世界先进水平而努力奋斗。

5. 仿生机器人

仿生机器人是指模仿生物、从事生物特点工作的机器人。目前在西方国家，机械宠物十分流行，仿生机器人具有广阔的开发前景。

（1）机械狗（见图1-7）　机械狗项目是由美国国防发展研究项目局资助研发的，是一种能够负重的机器人，能够和士兵一起在传统机械车辆无法行驶的粗糙地形上作战。

（2）机器蝎子（见图1-8）　长约50cm的机器蝎子与其他传统的机器人不同，它没有解决复杂问题的能力。机器蝎子几乎完全依靠反射作用来解决行走问题。它的头部有两个超声波传感器，这就使得它能够迅速对困扰它的任何事物做出反应。如果碰到高出它身高50%的障碍物，它就会绕开。如果左边的传感器探测到障碍物，它就会自动向右转。

图1-7　机械狗

图1-8　机器蝎子

（3）机械蟑螂　不只是蝎子，就连蟑螂也能给科学家提供设计的灵感，科学家们发现，蟑螂在高速运动时，每次只有三条腿着地，一边两条，一边一条，循环反复，根据这个原理，仿生学家制造出了机械蟑螂，它不仅能够每秒前进三米，而且平衡性非常好，能够适应各种恶劣环境，不远的将来，太空探索或排除地雷，都是它的用武之地。

（4）机器梭子鱼（见图1-9）　麻省理工学院的机器梭子鱼，是世界上第一个能够自由游动的机器鱼。它大部分是由玻璃纤维制成的，中间覆一层钢丝网，最外面是一层合成弹力纤维。尾部由弹簧状的锥形玻璃纤维线圈制成，从而使这条机器梭子鱼既坚固又灵活。

（5）机器蛙　机器蛙的膝部装有弹簧，能像青蛙那样先

图1-9　机器梭子鱼

弯起腿，再一跃而起。机器蛙在地球上一次跳跃的最远距离是 2.4m。在火星上，由于火星的重力大约为地球的 1/3，机器蛙跳跃的最远距离可达 7.2m，接近人类的跳远世界纪录。

（6）机器蜘蛛（见图 1-10）　　这是太空工程师从蜘蛛攀墙特技中得到灵感而创造出的。机器蜘蛛安装有一组天线模仿昆虫触角，当它迈动细长的腿时，这些触角可探测地形和障碍。机器蜘蛛原形很小，直立高度仅 18cm，比人的手掌大不了多少。

图 1-10　机器蜘蛛

（7）机器壁虎　　珠海新概念航空航天器有限公司李晓阳博士和他领导的研究组在 2008 年 11 月 15 日成功研制出仿生机器人壁虎"神行者"。仿生机器人壁虎"神行者"作为一种体积小、行动灵活的新型智能机器人，已经广泛应用于搜索、救援、反恐，以及科学实验和科学考察。这种机器人壁虎能在各种建筑物的墙面、地下和墙缝中垂直上下迅速攀爬，或者在天花板下倒挂行走，它对光滑的玻璃、粗糙或者粘有粉尘的墙面以及各种金属材料表面都能够适应，能够自动辨识障碍物并规避绕行，动作灵活逼真。

（8）机器水母　　美国海军研究办公室研制的机器水母，可用于监测水面舰船和潜艇，探测化学溢出物，以及监控回游鱼类的动向。这些机器水母是由生物感应记忆合金制成的细线连接而成的，当这些金属细线被加热时，就会像肌肉组织一样收缩。

四、工业机器人行业发展情况

作为全球市场上重要的需求和应用大国，我国机器人产业起步虽然较晚，但发展速度和潜力却十分惊人。近年来，随着政策和资本等要素的不断助力与驱动，我国机器人产业的发展也取得了举世瞩目的成果，同时呈现出蒸蒸日上的发展动向与趋势。

机器人被誉为"制造业皇冠上的明珠"，它是带动产业转型升级的强劲动力，是推动国民经济发展的重要帮手，也是提升国家实力与竞争力的关键所在。近年来，在人口红利不断消散、自动化需求日益增强的背景下，机器人已经在全球范围内迎来了爆炸式的发展，其所取得的每一项成果、行进的每一步动态以及未来的每一个趋势，无不引发人们的万分关注。

1. 国内机器人发展现状

当前，我国机器人发展已经从起步阶段过渡到了高速增长期，不仅在应用和需求上占据重要比重，同时在规模和增速上也十分令人欣喜。据《中国机器人产业发展报告（2018）》显示，截至 2018 年我国机器人市场规模已超过 85 亿美元，5 年内年均增速接近 30%，发展非常强劲。

伴随着市场规模的不断扩大、应用领域的快速拓展、核心零部件国产化进程的不断加快，以及创新型企业的大量涌现和部分领域优势的日益凸显，我国机器人在产业发展上也逐渐呈现出了三个明显特征。

第一，机器人发展不断提速。目前，我国工业机器人发展尤为快速，市场份额约占全球的1/3，并连续六年成为全球最大的需求和应用市场；同时，服务机器人需求潜力巨大，在家庭、教育、公共三大领域应用的引领下，规模和亮点正不断扩大；此外，特种机器人应用场景范围的扩展，也让市场进入到了蓄势待发的重要时期，各种类型产品的不断涌现，正催化着市场的最终爆发。

第二，产业集群现象愈发明显。现阶段国内各地围绕本体制造、系统集成、零部件生产等机器人产业链的核心环节，建设各具特色的机器人产业园区与特色小镇越来越多，比如香河、萧山等的机器人小镇。在政企合作或企业强强联合下应运而生，推动着产业发展从分散走向集聚，为我国机器人的进一步发展带来了重要帮助。

第三，区域产业各自优势加速凸显。在国内的产业集聚过程中，我国形成了东中西、长三角、珠三角、京津冀等6大集聚区，这些集聚区域基于经济发展水平、工业基础、市场成熟度以及人才等因素的差别，形成了各自的特点。在此背景下，当前各区域间加速了合作与交流，正在通过优势互补推动产业发展。

2. 短期发展趋势

基于上述发展现状，短期内我国机器人产业的发展趋势如下。

首先是应用加速延伸。不管是工业机器人还是服务机器人、特种机器人，提速发展的前提是应用领域的进一步拓展和深化。从目前机器人在工业领域的应用来看，已经开始从汽车、电子等传统领域逐渐向新能源、环保、仓储物流等新兴领域延伸。由此可见，未来机器人产业向新领域拓展以及在细分领域的下沉深入是短期内的一大趋势。

其次是龙头企业出现。龙头企业是带动产业走向成熟的重要力量。当前，部分新兴领域的细分市场已经涌现出了一批业务水平较高、贴合行业实际、应用方案成熟的中小型企业，具备一定成为龙头企业的基础。根据国家政策对于龙头企业的重视和扶持，未来龙头企业的培育出现将是短期发展的又一方向。

最后是创新创业提速。创新创业是新时代下政府鼓励发展的方向之一，对于机器人行业来说，政府更是鼓励相关企业加速双创发展。目前，一些具备技术研究成果转化能力的企业已经开始与政府和国内外企业联合，通过技术共享、风险共担的服务平台建设推动产业双创发展。在这一趋势下，未来企业创新创业能力的提升将成常态。

3. 长期发展趋势

在看过短期发展趋势之后，长期来看我国机器人发展主要有三点：跨界融合、人机协作和三化合一。

跨界融合就是"机器人+"，后面可以是医疗、教育、金融、工业、农业等一系列行业名词。跨界融合讲的是机器人领域应用和规模商用这一长期目标，机器人只有在传统行业领域中获得大规模应用才能展现自身的实际价值，才能实现产业的成熟发展。

人机协作就是人与机器人的协同与融合发展，这是未来人机关系的理想状态。当前，"机器换人"虽然引发了不少人的恐慌与担忧，但由于机器人在技术上的不足、意识上的欠缺要完全取代人还为时尚早。在具备人类意识的机器人真正出现之前，人机协作发展都将是长期发展的趋势。

三化合一中的三化是指智能化、轻型化和柔性化，这是当前机器人发展的三个主要方向。三化一方面是机器人领域应用进一步提升的基础，另一方面也是促进人机融合发展的关键前提。因此，在人机协作的趋势下，推动机器人发展的三化合一也将是未来发展的重要趋势。

五、影响工业机器人行业发展的因素

1. 促进行业发展的有利因素

（1）国内产业政策支持 2021年12月，国家工业和信息化部、国家发展和改革委员会、科学技术部等联合印发《"十四五"机器人产业发展规划》，（简称《规划》）。《规划》提出，到2025年，我国成为全球机器人技术创新策源地、高端制造集聚地和集成应用新高地。一批机器人核心技术和高端产品取得突破，整机综合指标达到国际先进水平，关键零部件性能和可靠性达到国际同类产品水平。机器人产业营业收入年平均增速超过20%。形成一批具有国际竞争力的领军企业及一大批创新能力强、成长性好的专精特新"小巨人"企业，建成3~5个有国际影响力的产业集群。制造业机器人密度实现翻番。到2035年，我国机器人产业综合实力达到国际领先水平，机器人成为经济发展、人民生活、社会治理的重要组成。

中国机器人行业处于产业转型升级需求释放、国家政策红利凸显、资本市场助推的机遇叠加期，机器人产业链上游零部件、中游本体制造及系统集成、下游应用领域的投资潜力巨大。

（2）协作机器人发展迅速 2017年11月，第十九届中国国际工业博览会上，机器人领域的相关展览和技术展示传递出行业发展的多个新动向：小型化、轻量化、协作机器人，这些正在成为工业机器人的发展新趋势，中小企业借力协作机器人迈向工业4.0成为推动工业机器人市场高速发展的重要驱动力，人机协作将更精准助力智能制造。

（3）中游制造企业产业升级的需求 当前发达国家的许多制造业企业已经实现了精细化生产，从生产、检测到仓储、包装，全程采用自动化设备，以保障产品的稳定性和可靠性。相比之下，我国制造业企业多数仍处于自动化的早期阶段，以粗放型发展模式为主，产品附加值低，产品稳定性也有较大的改进空间。

随着未来人们对产品质量要求的提升，我国工业制造也将朝着集约化、智能化的方向进行产业升级，自动化程度将会越来越高，对自动化设备的需求也将会逐步释放。

2. 影响行业发展的不利因素

（1）自主创新能力还需加强 尽管我国基本掌握了本体设计制造、控制系统软硬件、运动规划等工业机器人的相关技术，但总体技术水平与国外相比，仍存在较大差距。我国缺乏核心及关键技术的原创性成果和创新理念，缺乏面向企业及市场需求的问题依然突出。精密减速器、伺服电动机、伺服驱动器、控制器等高可靠性基础功能部件方面的技术差距尤为突出，长期依赖进口。

（2）企业成本压力大 核心部件长期依赖进口的局面依然难以改变，企业成本压力大。2015年约有75%的精密减速器由日本进口，主要供应商是哈默纳科、纳博特斯克和住友公司等；伺服电动机和驱动超过80%依赖进口，主要来自日本、欧美；关键零部件大量依赖进口，导致国内企业生产成本压力大，比之于外企，国内企业要以高出近4倍的价格购买减速器，以近2倍的价格购买伺服驱动器。

（3）产量跟不上销量　我国工业机器人生产企业规模普遍偏小，产量还是远远不够。即使龙头企业沈阳新松 2016 年营业收入达到了 20.3 亿元，但与安川、发那科、库卡等销售收入均超过百亿元的外企来比，仍然偏小。

3. 行业未来发展的机遇

（1）机器人产量连年增长，市场广阔可为　2021 年我国工业机器人销量约为 24 万台，同比 2020 年增长了 40%。与韩国、日本等国家相比，我国制造业的工业机器人密度较低，预计未来 5~8 年间，我国工业机器人销量的平均增速将超过 20%。

从密度上来说，2020 年我国制造业中的工业机器人密度为 246 台/万人，是全球平均水平的近 2 倍，服务机器人、特种机器人在仓储物流、教育娱乐、清洁服务等领域实现规模应用。

（2）机器换人　一方面，随着人口红利减少、劳动力短缺、劳动力成本上升，中国相对于其他发展中国家的劳动力成本优势慢慢弱化，劳动密集型产业逐步向东南亚其他国家转移。印度为吸引外资制订了较中国更为优惠的政策措施，而其专业人才的质量也不在中国之下，两国在劳动密集型产品上的竞争很激烈。

另一方面，政府也在促进关键岗位机器人的应用，尤其是在健康危害大和危险作业环境、重复繁重劳动、智能采样分析等岗位推广一批专业机器人。近年来，"机器换人"热潮正在席卷广东、江苏等制造业发达地区。

4. 行业未来发展面临着挑战

（1）核心零部件的研发滞后，中国机器人价格不占优势　工业机器人研发是一件复杂的系统工程，涉及硬件、软件、算法、应用等领域。其中，伺服电动机、减速器、控制器是机器人的核心部件。目前工业机器人的生产规模仍然不大，多数是单件小批量生产，关键配套的单元部件和器件始终处于进口状态，一台进口的减速器约占机器人总成本的 35%。受制于跨国公司的技术垄断，难以"自主"，成为制约中国机器人产业发展的最大问题。

（2）机器人企业蜂拥而上产业有过剩隐忧　大量企业看好工业机器人市场，蜂拥而上造成国内工业机器人恶性竞争，使得国内生产工业机器人的企业利润降低甚至无利润，最终制约了国产机器人的产业化进程。

（3）中国的人才培养和研发模式有待提升　造成关键技术受制于人的原因是，虽然中国有近百家从事工业机器人研究生产的高校院所和企业，但是各家研究过于独立封闭，机器人研发分散，未能形成合力，同一技术重复研究，浪费了大量的研发经费和时间；国内多数企业热衷于大而全，一些较好的机器人关键部件研发基础的企业纷纷转入机器人整机的生产，没能形成工业机器人研制、生产、制造、销售、集成、服务等有序、细化的产业链。

六、工业机器人行业竞争格局

1. 工业机器人行业区域竞争

中国工业机器人企业分布较为集中，在华东华南沿海等地区均有分布。目前江苏地区的企业最多，接近 110000 家，为全国注册企业最多的区域。从整体上看，大多企业也聚集在东部沿海区域。

2. 工业机器人行业竞争梯队

从目前工业机器人竞争业务规模来看，第一梯队仍然是被"四大家族"（发那科、安川、ABB 和库卡）所占据，且这些企业在工业机器人行业内具有多年沉淀发展，无论在中国还是全球都具有明显的规模和技术优势；在第二梯队中，主要由中国上市企业组成，埃斯顿、拓斯达和绿的谐波等企业在工业机器人产业链垂直延伸领域拥有一定的行业经验。

3. 工业机器人行业竞争力分析

工业机器人行业中，具备一定规模优势的厂商在市场竞争力和研发实力上都有着明显的优势。其中发那科、安川、ABB 和库卡"四大家族"作为行业领导者，在实力上都相较于其他厂商占有绝对优势，在市场竞争力中，国内工业机器人头部厂商在技术研发实力中有一定潜力，相较于国外的企业有一定的政策优势。

4. 工业机器人行业竞争现状

目前，我国工业机器人市场目前仍以外资品牌机器人为主，但近年来，随着我国在机器人领域的快速发展，自主品牌工业机器人市场份额也在逐步提升，与外资品牌机器人的差距在逐步缩小。随着我国市场的发展，外资机器人品牌也更加注重中国市场，开始在我国推行定向降价策略，提高产品竞争力，国内品牌价格优势削减，市场份额出现下滑。2021 年中国工业机器人市场份额有所提升，超过 32%。

从机械结构看，2020 年多关节机器人在中国市场中的销量在各机型中依然位居首位，全年销售量占机器人总销量的 63%，SCARA 机器人销售量大幅增长，占机器人总销量的 30%，另外，坐标机器人销量延续下降趋势，占机器人总销量的 4%。总体上看，工业机器人行业格局保持稳定，垂直多关节机器人与 SCARA 机器人共占机器人市场销量的 93%。

近年来中国工业机器人生产企业成立数量逐步增多，2021 年全年新成立企业数量超过 11 万家，为历年来之最，截止到 2022 年 6 月，全年新成立数量也突破 6 万家，预计 2022 全年成立数量将会取得新高。

由以上可以看出中国工业机器人行业还处于成长期，行业新进入者较多，预计未来几年机器人行业的竞争将会逐步加剧。

七、我国对工业机器人发展的政策支持

2019 年 10 月，工业和信息化部、教育部、商务部联合发布《制造设计能力提升专项行动计划（2019-2022）》。

相关内容：重点突破系统开发平台和伺服机械设计，主要包括多功能工业机器人、服务机器人、特种机器人设计等。

2020 年 1 月，国务院颁布《关于促进养老托育服务健康发展的意见》。

相关内容：推进智能服务机器人快速发展，启动康复辅助器具应用的推广工程，实施智慧老龄化技术的推广应用工程。

2020 年 4 月，工业和信息化部、国家邮政局出台《关于促进快递业与制造业深度融合发展的意见》。

相关内容：支持制造企业联合快递企业研发智能物流技术装备。

2021 年 3 月，国务院发布《"十四五"规划纲要》。

相关内容：重点研制分散式控制系统、可编程逻辑控制器、数据采集和视频监控系统等工业控制装备，突破先进控制器、高精度伺服驱动系统、高性能减速器等智能机器人关键技术。

2021 年 7 月，党中央、国务院发布《5G 应用"扬帆"行动计划（2021-2023 年）》。

相关内容：推进 5G 与智慧家居融合，深化应用感应控制、语音控制、远程控制等技术手段，发展基于 5G 技术的智能家电、智能照明、智能安防监控、智能音箱、新型穿戴设备、机器人等，不断丰富 5G 应用载体。加快系统创新，增强融合发展新动能，加强关键核心技术攻关并加速智能制造装备和系统推广应用。

2021 年 12 月，工业和信息化部、国家发展和改革委员会、教育部联合发布《"十四五"智能制造发展规划》。

相关内容：加快系统创新，增强融合发展新动能，加强关键核心技术攻关并加速智能制造装备和系统推广应用。2025 年，规模以上制造业企业基本普及数字化，到 2035 年，规模以上制造业企业全面普及数字化。

2022 年 4 月，工业和信息化部发布《关于开展 2022 年度智能制造标准应用试点工作的通知》。

相关内容：优先试点已发布研制中的国家标准、体标准和企业标准，形成了一批推动智能配套应用相关行业标准、地方标准、因制造有效实施应用的标准群。

八、我国工业机器人品牌与进口品牌的差异

近年来，在人口红利逐步消退及科技进步的背景下，中国制造业企业自动化升级、机器换人的需求逐年攀升。拥有世界工厂之称的中国，从 2013 年位列世界工业机器人市场的第一位，到 2017 年占据全球工业机器人销售量三分之一以上，并连续五年位居全球之首。中国巨大的需求市场吸引了全球工业机器人厂商的高度聚集与投资。

尽管国内机器人市场需求突飞猛进，但一直被国外品牌垄断。不可否认，中国本土机器人企业起步晚，在产品功能、精度和稳定性等方面还在追赶国际高端水平。早期的中国工业机器人市场被"四大家族"（ABB、发那科、KUKA、安川）占领，其中有两个关键因素：一个是控制系统，一个是核心零部件。因此，国产机器人在起步阶段既没有技术优势，也没有成本优势。

1. 核心零部件的进步，国产机器人与进口机器人差距在缩小

在工业机器人的核心零部件方面，硬件包括减速机和电动机等，随着国产谐波减速机苏州绿的等品牌的崛起，国产机器人市场占有量与品质需求的提升，核心零部件产品技术也不断迭代。其技术成熟度越来越高，价格也更加透明，为国产机器人的发展提供了大量机会。

不可否认，国产零部件与进口零部件相比还存在差异，但目前来看，这并不是阻碍国产机器人品质追赶进口品质的关键要素。因为机器人核心零部件的主流供应商已经全球化，国内外机器人生产商的采购价差逐渐趋近。国产机器人与进口机器人在同等品质硬件上的成本几乎在同一水平线上。

国产品牌与进口品牌更重要的差异的缩小体现在工业机器人的控制系统，其核心是软件算法，目前国内也有不少机器人厂商实现了高性能控制系统的自主研发。珞石机器人自主研发的控制系统，通过算法可实现拖动示教、碰撞检测、柔顺控制等功能，还赋予了工业机器人高精、高速、稳定、协作的性能。近年有越来越多的本土企业注重技术驱动，进军中高端市场。部分国内企业的控制技术已经可以比肩国际水平。随着产业链条的不断深入发展，国产机器人厂商与进口品牌的技术差距将会越来越小。

2. 低成本高品质，国产机器人企业的硬核突围

没有进口品牌几十年的先发优势与生产考验，国产机器人如何在稳定性、可靠性等品质

上突围？答案是把品质管理做到极致，从核心零部件原材料的选择开始，即进入严格的检测系统流程，在装配环节更有详尽的管理细则。现在国产机器人的先锋企业在这一方面也有深入布局。例如，珞石机器人设有专业的品控实验室，从电动机、减速机到电缆等每一个零部件都需通过多维度的极限耐受测试方可被采用，仅一条电缆就需要经历1000万次的极限弯折。而生产环节更是严格到每一颗螺钉的扭矩标准，这样的螺钉有数百个。除此之外，每一台机器人从装配完成到出厂之前，必需经历120小时全面的不间断运行测试，以保障在用户现场的稳定可靠。据悉，珞石机器人已经在用户生产现场实现了超过20000小时的无故障运行，这是品质的强有力保障。

从宏观来看，国产工业机器人与发达国家相比还有一段距离，但差距将逐渐缩小。随着品质技术的深入钻研提升，部分国产机器人也开始走出国门，跨入国际市场。相比进口品牌，低价格的国产工业机器人，能以更优的技术及可靠性服务于国内外制造企业，即占据了更高的性价比优势，所以国产机器人的机会与空间必然很大。

3. 进口还是国产，关键在于解决什么样的问题

在全球智能制造转型的大趋势下，工业机器人必将成为不可或缺的角色，而工厂里进行大规模机器换人的最终目标是降低用工成本，同时能够结合新一代信息技术，利用大数据分析、预测性维护等方式将工厂整体生产效益提升到更高的水平。

目前工业机器人在产线上主要接替简单的重复性劳动，太昂贵的机器人会失去代替的意义。低成本的工业机器人更有利于推动工业4.0和智能制造方案的落地，而智能制造模式对柔性化、数字化、智能化提出了新的需求，工业机器人还要有好的品质和先进的功能。所以，一些国产的优质机器人产品具有很大的优势。

还有，中国拥有庞大的产业集群，各个行业的生产工艺不同，而工厂企业对机器人的要求也不相同。在一些新的领域里，国产和进口机器人处于同一起跑线，如何选择工业机器人要看用户想解决什么样的问题，是否符合预期的投资回报。因此，不管是进口品牌还是国产品牌，都要看是否能提供适用于细分行业的高效解决方案。

 第二部分：认识工业机器人及其应用

一、工业机器人的技术指标

工业机器人的技术指标反映了机器人的适用范围和工作性能，是选择、使用机器人必须考虑的关键问题。

1. 自由度

自由度是指描述物体运动所需要的独立坐标数。自由物体在空间有6个自由度，即3个移动自由度和3个转动自由度。

如果机器人是一个开式连杆系，每个关节运动副又只有一个自由度，那么机器人的自由度数就等于它的关节数。目前生产中应用的机器人通常具有4~6个自由度。

2. 工作范围

工业机器人的工作范围是指机器人手臂末端或手腕中心运动时所能到达的所有点的集合，工作范围一般指不安装末端执行器时的工作区域。

ABB工业机器人的工作范围如图1-11所示，阴影部分为机器人手臂可以到达的范围。

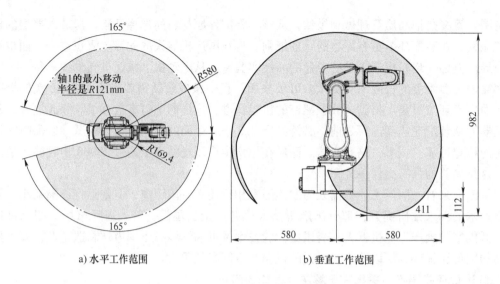

a) 水平工作范围   b) 垂直工作范围

图 1-11　ABB 工业机器人的工作范围

3. 最大工作速度

工业机器人的最大工作速度是指机器人主要关节上最大的稳定速度或手臂末端最大的合成速度，因生产厂家不同而标注不同，一般会在技术参数中加以说明。

4. 负载能力

工业机器人的负载能力又称为有效负载，指机器人在工作时臂端可能搬运的物体质量或所能承受的力。当关节型机器人的臂杆处于不同位姿时，其负载能力是不同的。机器人的额定负载能力是指其臂杆在工作空间中任意位姿时腕关节端部所能搬运的最大质量。

5. 定位精度

工业机器人的定位精度是指机器人末端参考点实际到达的位置与所需要到达的理想位置之间的差距，点位控制机器人的位置精度不够，会造成实际到达位置与目标位置之间有较大的偏差。

6. 重复性或重复精度

工业机器人的重复性是指在相同的位置指令下，机器人连续重复若干次其位置的分散情况。它是衡量一列误差值的密集程度，即重复度。连续轨迹控制型机器人的位置精度不够，则会造成实际工作路径相对于示教路径或离线编程路径之间的偏差，如图 1-12 所示。

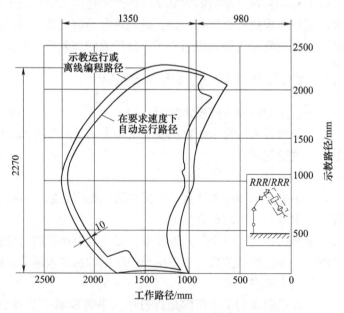

图 1-12　工作路径与示教路径的偏差

二、工业机器人系统构成

工业机器人硬件包括工业机器人本体、控制器、示教器三个基本部分，工业机器人系统的构成如图1-13~图1-15所示。

图 1-13　工业机器人基本组成

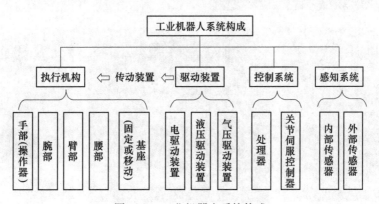

图 1-14　工业机器人系统构成

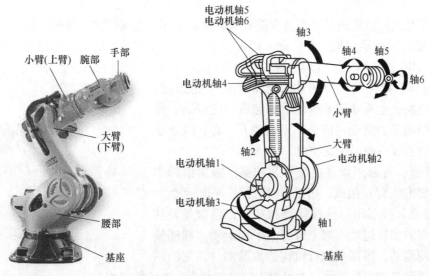

图 1-15　工业机器人本体结构

1. 执行机构

1）手部。手部又称末端执行器，是工业机器人直接进行工作的部分，可以是各种夹持器。有时人们也常把诸如焊枪、油漆喷头等称为机器人的手部。

机器人末端执行器装在手腕的前端（称机械接口），用以直接执行工作任务。根据作业任务的不同，它可以是夹持器或专用工具等。

夹持器是具有夹持功能的装置，如吸盘、机械手爪、托持器等（见图1-16）。

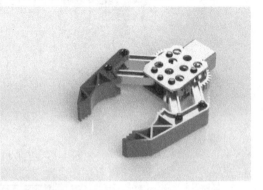
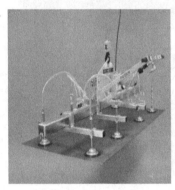
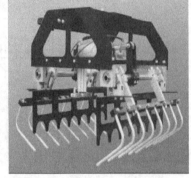
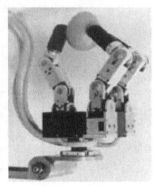

图 1-16　部分夹持器

专用工具是用以完成某项作业所需要的装置，如用于完成焊接作业的气焊焊枪、点焊焊钳等，如图1-17所示焊枪。并由此，焊接机器人又可细分为：CO_2焊机器人、TIG焊机器人、MAG/MIG焊机器人、气焊机器人、钎焊机器人、点焊机器人、激光焊机器人等。

2）腕部。腕部与手部相连，通常有3个自由度，多为轮系结构，主要功用是带动手部完成预定姿态，是操作机中结构最为复杂的部分。手指的开、合，以及手指关节的自由度一般不包括在内。

3）臂部。臂部用以连接腰部和腕部，通常由两个臂杆（小臂和大臂）组成，用以带动肘部作平面运动。

4）腰部。腰部用以连接臂部和基座，通常是回转部件，腰部的回转运动再加上臂部的平面运动，即能使胸部作空间运动。腰部是执行机构的关键部件，它的创造误差、运动精度和平稳性，对机器人的定位精度有决定性的影响。

图 1-17　焊枪

5）基座。基座是整个机器人的支持部分，基座必须具有足够的刚度和稳定性。

2. 驱动装置

　　（1）电动驱动器　电动驱动器的能源简单，速度变化范围大，效率高，转动惯性小，速度和位置精度都很高，但它们多与减速装置相连，直接驱动比较困难。

　　电动驱动器的类型很多，可分为以下几种类型。

$$电动驱动器\begin{cases}直流伺服电动机驱动（包括直流电动机）\begin{cases}有刷\\无刷\end{cases}\\交流伺服电动机驱动\\步进电动机伺服驱动\\舵机驱动\end{cases}$$

　　1）直流伺服电动机有很多优点，具有很高的性价比，一直是机器人平台的标准电动机（见图1-18）。但它的电刷易磨损，且易形成火花。因而产生了无刷电动机，采用霍尔电路来进行换向。

　　2）交流伺服电动机（见图1-19）。交流伺服电动机较直流伺服电动机的功率大，无需电刷，效率高，维护方便，在工业机器人中有一定的应用。

　　交流伺服电动机的主要技术参数与直流伺服电动机相近。

图1-18　直流伺服电动机

图1-19　交流伺服电动机

　　3）步进电动机（见图1-20）。步进电动机是一种无刷电动机，其磁体装在转子上，绕组装在机壳上。步进电动机本质上是一种低速电动机，控制方便，可以实行精确运动，最佳工作转速为50～100r/min。

　　步进电动机驱动多为开环控制，控制简单但功率不大，有较好的制动效果，但在速度很低或大负载情况下，可能产生丢步现象，多用于低精度小功率机器人系统。

　　4）舵机（见图1-21）。舵机是集成了减速器、检测元件和控制板的微小型直流电动机。体积小，成本低，控制方便，但功率较小。

　　舵机的转动范围一般在60°～180°之间，由于设置了一个电位器，可随时检测输出轴的位置，因此可以实现闭环控制，多用于低成本的个人机器人和模型机。

　　（2）液压驱动器（见图1-22、图1-23）　液压驱动的优点是功率大，可省去减速装置而直接与被驱动的杆件相连，结构紧凑，刚度好，响应快，伺服驱动具有较高的精度。但需要增设液压源，易产生液体泄漏，不适合高、低温场合，故液压驱动目前多用于特大功率的机器人系统。

图 1-20　步进电动机

图 1-21　舵机

图 1-22　液压摆动马达

图 1-23　液压控制阀

液压驱动的优点：

1）液压容易达到较高的压力（常用液压压力为 2.5~6.3MPa），体积较小，可以获得较大的推力或转矩。

2）液压系统的介质的可压缩性小，工作平稳可靠，并可得到较高的位置精度。

3）液压驱动中，力、速度和方向比较容易实现自动控制。

4）液压系统常采用油液作介质，具有防锈性和自润滑性能，可以提高机械效率和使用寿命。

液压驱动的不足：

1）油液的黏度随温度变化而变化，影响工作性能，高温容易引起燃烧爆炸等危险。

2）油液的泄漏难于克服，要求液压元件有较高的精度和质量，故造价较高。

3）需要相应的供油系统，尤其是电液伺服系统要求有严格的滤油装置，否则会引起故障。

（3）气压驱动器（见图 1-24~图 1-27）　气压驱动的结构简单，清洁，动作灵敏，具有缓冲作用。但与液压驱动器相比，功率较小，刚度差，噪声大，速度不易控制，所以多用于精度不高的点位控制机器人。

与液压驱动相比，气压驱动的优点：

1）压缩空气黏度小，易达到高速（1m/s）。

2）利用工厂集中的空气压缩机站供气，不必添加动力设备。

图 1-24　气动回转马达

图1-25　气动摆动马达

图1-26　气泵

图1-27　气缸

3）空气介质对环境无污染，使用安全，可直接应用于高温作业。

4）气动元件工作压力低，故制造要求比液压元件低。

气压驱动的不足：

1）压缩空气常用压力为0.4~0.6MPa，若要获得较大的力，其结构就要相对增大。

2）空气可压缩性大，工作平稳性差，速度控制困难，要达到准确的位置控制很困难。

3）压缩空气的除水问题是一个很重要的问题，处理不当会使钢类零件生锈，导致机器人失灵。此外，排气还会造成噪声污染。

3. 控制系统

控制系统的任务是根据机器人的作业指令程序以及从传感器反馈回来的信号，支配机器人的执行机构去完成规定的运动和功能。如果机器人不具备信息反馈特征，则为开环控制系统；具备信息反馈特征，则为闭环控制系统。根据控制原理可分为程序控制系统、适应性控制系统和人工智能控制系统。根据控制运动的形式可分为点位控制和连续轨迹控制。

（1）控制系统的主要功能　机器人控制系统是机器人的重要组成部分，用于对操作机的控制，以完成特定的工作任务，其基本功能如下：

1）记忆功能。具备存储作业顺序、运动路径、运动方式、运动速度、与生产工艺有关信息的功能。

2）示教功能。具备离线编程、在线示教、间接示教的功能。在线示教包括示教器和导引示教两种。

3）与外围设备联系功能。包括输入和输出接口、通信接口、网络接口、同步接口。

4）坐标设置功能。有关节、绝对、工具、用户自定义四种坐标系。

5）人机接口。包括示教器、操作面板、显示屏。

6）传感器接口。包括位置检测、视觉、触觉、力觉等。

7）位置伺服功能。具备机器人多轴联动、运动控制、速度和加速度控制、动态补偿等功能。

8）故障诊断安全保护功能。具备运行时系统状态监视、故障状态下的安全保护和故障自诊断功能。

（2）控制系统的组成　图1-28为工业机器人控制系统组成框图，下面对图中主要结构及功能予以说明：

1）控制计算机。它是控制系统的调度指挥机构，一般为微型机、微处理器，有32位、

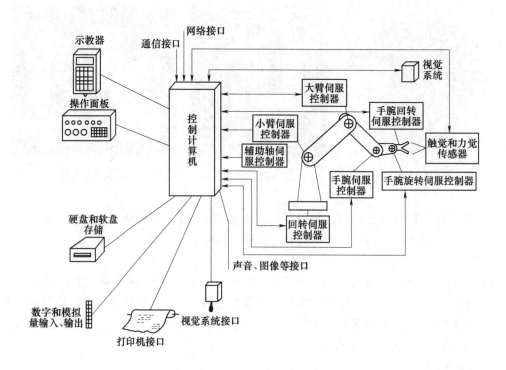

图 1-28　工业机器人控制系统组成框图

64 位等，如奔腾系列 CPU 以及其他类型 CPU。

2）示教器。它是用于示教机器人的工作轨迹和参数设定，以及所有人机交互操作，拥有独立的 CPU 以及存储单元，与主计算机之间以串行通信方式实现信息交互。

3）操作面板。由各种操作按键、状态指示灯构成，只能完成基本功能操作。

4）硬盘和软盘存储。它是存储机器人工作程序的外围存储器。

5）数字和模拟量输入、输出。用作各种状态和控制命令的输入或输出。

6）打印机接口。用于记录需要输出的各种信息。

7）传感器接口。用于信息的自动检测，实现机器人柔性控制，一般为力觉、触觉和视觉传感器。

8）轴控制器。完成机器人各关节位置、速度和加速度控制。

9）辅助设备控制。用于和机器人配合的辅助设备控制，如手爪变位器等。

10）通信接口。实现机器人和其他设备的信息交换，一般有串行接口、并行接口等。

11）网络接口。

① Eithernet 接口：可通过以太网实现数台或单台机器人的直接 PC 通信，数据传输速率高达 10MB，可直接在 PC 上用 Windows 库函数进行应用程序编程，支持 TCP/IP 通信协议，通过 Eithernet 接口将数据及程序装入各个机器人控制器中。

② Fieldbus 接口：支持多种流行的现场总线规格，如 Devicenet、ABRemotel/Outerbus-s、Profibus-DP、M-NET 等。

（3）示教编程　根据任务的需要，将机器人末端工具移动到所需的位置及姿态，然后把每一个位姿连同运行速度、焊接参数等记录并存储下来,机器人便可以按照示教的位姿再现。

(4)离线编程 在计算机中建立设备、环境及工件的三维模型,在这样一个虚拟的环境中对机器人进行编程。

4. 感知系统

目前一些机器人具有视觉、听觉和触觉等感觉功能,这些感觉是通过相应传感器得到的。传感器按一定规律实现信号检测,并将被测量(物理的、化学的和生物的信息)通过变送器变换为另一种常用物理量(通常是电压或电流等)。

传感器一般由敏感元件、转换元件、基本转换电路组成,如图1-29所示。

图1-29 传感器工作原理图

传感器的类型一般有以下几种:

1)电位器。

2)测速发电机。

3)光学编码器。

4)触觉传感器。

5)滑觉传感器。

6)力觉传感器。

7)腕力传感器。

8)接近传感器。

9)视觉传感器。

三、工业机器人的分类

1. 工业机器人按用途划分

工业机器人按用途可分为焊接机器人、搬运机器人、打磨机器人、切割机器人、喷涂机器人、装配机器人等,如图1-30~图1-35所示。

图1-30 焊接机器人

a) 显示屏搬运

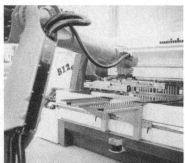

b) 太阳能电池板搬运

c) 有毒气体环境搬运

d) 低温环境搬运

图 1-31　搬运机器人

图 1-32　打磨机器人

图 1-33　切割机器人

图 1-34　喷涂机器人

图 1-35　装配机器人

2. 工业机器人按机械结构特征划分

（1）直角坐标机器人（见图 1-36）　精度高，速度快，控制简单，易于模块化，但动作灵活性较差，主要用于搬运、上下料、码垛等领域。

（2）圆柱坐标机器人（见图 1-37）　精度高，有较大动作范围，坐标计算简单，结构轻便，响应速度快，但是负载较小，主要用于电子、分拣等领域。

（3）并联机器人（见图 1-38）　精度较高，手臂轻盈，速度高，结构紧凑，但工作空间较小，控制复杂，负载较小，主要用于分拣、装箱等领域。

图 1-36　直角坐标机器人

图 1-37　圆柱坐标机器人

图 1-38　并联机器人

（4）串联关节机器人（见图 1-39）　又称多关节机器人，高自由度，精度高，速度快，动作范围大，灵活性强，广泛应用于各个行业，是当前工业机器人主流结构，但是价格高，前期投资成本高。

四、工业机器人的应用

工业机器人在工业生产中能代替人做某些单调、频繁、重复的长时间作业或是危险、恶劣环境下的作业（如冲压、焊接、喷涂、塑料制品成型、机械加工和简单装配等），以及在原子能工业等部门中，完成对人体有害的物料的搬运或工艺操作。

图 1-39　串联关节机器人

工业机器人的主要应用行业如下：

（1）汽车制造业　中国百分之五十的工业机器人应用于汽车制造业，其中百分之五十为焊接机器人。

（2）电子电器行业　主要用于 IC、贴片元器件，以及手机生产领域。

（3）橡胶及塑料工业　可在各种环境下完成高强度作业。

（4）铸造行业　可在高污染、高温或外部环境恶劣的条件下进行高强度作业。

（5）食品行业　目前已经开发出的有罐头包装机器人、自动午餐机器人和切割牛肉机器人等。

（6）化工行业　这是工业机器人主要应用领域之一，可实现现代化工业品生产的精密化、微型化、高纯度、高质量、高可靠性和高洁净度。

（7）玻璃行业　主要用于洁净玻璃搬运。对洁净度要求非常高的玻璃，工业机器人是好的选择。

（8）家用电器行业　可连续可靠的完成任务，确保生产线畅通且始终保持恒定高质量。

（9）冶金行业　主要工作范围包括钻孔、铣削或切割以及折弯和冲压等加工过程。

（10）烟草行业　采用工业机器人对卷烟成品进行码垛作业，搬运成品托盘，节省人力，减少坡缓，提高自动化水平。

五、工业机器人在自动化生产线的应用

1. 自动化生产线

自动化生产线是现代工业的生命线，机械制造、电子信息、石油化工、轻工纺织、食品制药、汽车生产以及军工业等现代化工业的发展都离不开自动化生产线的主导和支撑，它在整个工业及其他领域也有着重要的地位和作用。

自动化生产线是在流水线和自动化专机的功能基础上逐渐发展形成的自动工作的机电一体化的装置系统。

通过自动化输送及其他辅助装置，按照特定的生产流程，将各种自动化专机连接成一体，并通过气压、液压、电动机、传感器和电气控制系统使各部分的动作联系起来，使整个系统按照规定的程序自动的工作，连续、稳定地生产出符合技术要求的特定产品。

自动化生产线运行特性：

1）自动化程度高。

2）统一的控制系统。

3）严格的生产节奏。

2. 典型的自动化生产线的结构

自动化生产线（见图 1-40）包括供料单元、检测单元、加工单元、搬运单元、分拣输送单元、提取安装单元、操作手单元、立体存储单元等。

（1）供料单元（见图 1-41）

1）组成部分：送料模块、转运模块、报警装置、电气控制板、操作面板、I/O 转接端口模块、CP 阀岛、过滤减压阀等。

2）基本功能：实现工件从送料模块的井式料仓中自动推出，借助转运模块的摆动气缸与真空吸盘的配合使用将送料模块推出的工件自动转送到下一个工作单元。

（2）检测单元（见图 1-42）

1）组成部分：识别模块、升降模块、测量模块、滑槽模块、电气控制板、操作面板、I/O 转接端口模块、CP 阀岛、过滤减压阀等。

2）基本功能：识别模块在接收到新的待处理工件后，实现待处理工件颜色和材质的检

测，并通过升降模块和测量模块完成工件高度的测量，根据检测与测量结果信息通过滑槽模块完成向下一工作单元传送或直接剔除工件。

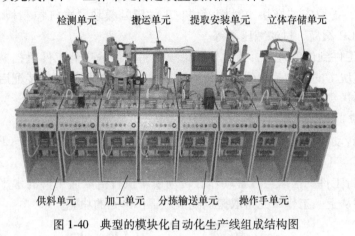

图 1-40　典型的模块化自动化生产线组成结构图

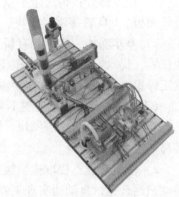

图 1-41　供料单元

（3）加工单元（见图 1-43）

1）组成部分：旋转工作台模块、钻孔模块、钻孔检测模块、电气控制板、操作面板、I/O 转接端口模块、CP 阀岛、过滤减压阀等。

2）基本功能：旋转工作台接收到新工件后，旋转工作台模块启动工作，分步实现待加工工件的模拟钻孔，并对加工质量进行模拟检测等。

（4）搬运单元（见图 1-44）

1）组成部分：提取模块、滑动模块、电气控制板、操作面板、I/O 转接端口模块、CP 阀岛、过滤减压阀等。

2）基本功能：提取模块执行工件的拾取与放置动作，滑动模块执行拾取后工件的水平移动搬运任务，自动实现工件从上一工作单元拾取搬运到下一工作单元的功能。

图 1-42　检测单元　　　　图 1-43　加工单元　　　　图 1-44　搬运单元

（5）分拣输送单元（见图 1-45）

1）组成部分：传送带模块，位置检测模块、滑槽模块、推料模块、电气控制板、操作面板、I/O 转接端口模块、CP 阀岛、过滤减压阀等。

2）基本功能：在接收到新工件后，传送带模块开始传送工作，根据上一工作站的工件信息，在位置检测模块和推料模块的配合下，实现传送带模块上工件的自动分拣输送功能。

（6）提取安装单元（见图1-46）

1）组成部分：传送带模块、提取安装模块、滑槽模块、工件阻挡模块、电气控制板、操作面板、I/O转接端口模块、CP阀岛、过滤减压阀等。

2）基本功能：检测到有新工件到位信息后，通过传送带模块将工件输送到工件阻挡模块位置，提取安装模块将滑槽模块上的工件装配到传送带模块上，随后阻挡模块放行装配后的工件组，继续由传送带模块输送到指定位置。

（7）操作手单元（见图1-47）

1）组成部分：提取模块、转动模块、电气控制板、操作面板、I/O转接端口模块、CP阀岛、过滤减压阀等。

2）基本功能：提取模块执行工件的拾取与放置动作，转动模块执行拾取后工件的水平转动搬运任务，自动地实现工件从上一工作单元拾取搬运到下一工作单元的功能。

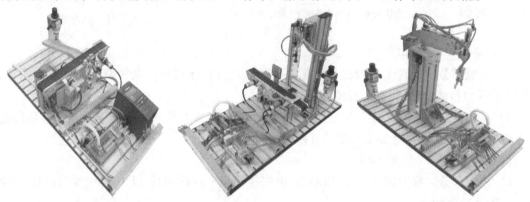

图1-45 分拣输送单元　　　　图1-46 提取安装单元　　　　图1-47 操作手单元

（8）立体存储单元（见图1-48）

1）组成部分：步进驱动模块、丝杆驱动模块、工件推出装置、立体仓库、电气控制板、操作面板、I/O转接端口模块、CP阀岛、过滤减压阀等。

2）基本功能：接收到新工件后，在步进驱动模块的驱动下带动X、Y两丝杆运动，依据接收到的工件的材质、颜色等信息，自动运送至指定的仓位口，并将工件推入立体仓库完成工件的存储功能。

3. 典型自动化生产线的主要特性

1）采用开放式模块结构（结构固定）。

2）每一工作单元运行执行功能、各个工作单元之间的运行配合关系、整个自动化生产线的运行流程和运行模式，都可以模拟实际生产现场状况进行灵活地配置。

图1-48 立体存储单元

3）每个工作单元都具有自动化专机的基本功能，学习掌握每一工作单元的基本功能，将为进一步学习整条自动化生产线的联网通信控制技术和整机配合运作技术等打下良好的基础。

第三部分：工业机器人应用与维护专业的现状

一、工业机器人技术人才需求

2019 年 4 月，人力资源社会保障部正式确认了 13 个新职业信息，分别是：人工智能工程技术人员、物联网工程技术人员、物联网安装调试员、大数据工程技术人员、云计算工程技术人员、数字化管理师、建筑信息模型技术员、电子竞技员、电子竞技运营师、无人机驾驶员、农业经理人、工业机器人系统操作员、工业机器人系统运维员。

此次工业机器人系统操作员、工业机器人系统运维员被纳入新的职业体系中，预示着工业机器人应用与维护专业将是一个新型专业，也是国家和市场的发展趋势。

在中国制造 2025、工业 4.0 的战略推动下，国内众多企业开始进入智能化转型关键时期，在此过程中，工业机器人在制造业的应用取得了很大的成功，工厂企业利用机器人缓解了人力紧张的局面，同时推动了智能制造升级的进程。制造业采用机器人的场景越来越多，却没有足够的技术人员来支持，这又成了机器换人的一大挑战。

未来，智能工厂依赖于技术类人才，这可能会产生数百万个新的职位，而短期间难以填补这些空缺。由于老龄化的趋势，老一辈工人陆续退休，年轻一代接管工厂，制造业将面临新的问题，大部分的制造商在寻找技术人员方面都会遇到困难。

伴随着工业机器人浪潮的到来，对于相关人才的需求也日益扩大。从国家相关调研数据来看，工业机器人项目的增长速度与人才的持续需求存在很大的缺口，在全国范围内的人才缺口已达上百万人，工业机器人技术人才需求主要分布如下：

（1）工业机器人及智能装备产业的发展迫切需要大量高技能人才　我国工业机器人市场近几年持续表现强劲，市场容量不断扩大。工业机器人的热潮带动机器人产业园的新建，到目前为止，上海、徐州、常州、昆山、哈尔滨、天津、重庆、唐山等地均已经着手开建机器人产业园区，广东省有 4 座在建机器人产业园，其中 2 座位于深圳，顺德和东莞各有 1 座，而广州和中山两地也有正在筹建的机器人产业园。产业的发展急需大量高素质技术技能型专业人才，人才短缺已经成为产业发展的瓶颈。

（2）工业机器人的日益广泛应用需要高技能专业人才　在市场需求和政策推动的双重作用下，珠三角地区的机器人产业迅速壮大。

同时传统制造业的改造提升、人工成本快速提高促使企业使用工业机器人来提高产业附加值、保证产品质量，使工业机器人及智能装备产业面临前所未有的发展时机，不仅企业需要工业机器人现场编程、机器人自动化生产线维护等方面的人才，还需要大量从事工业机器人安装调试和售后服务等工作的专业人才。随着我国制造业的发展，预计未来 3~5 年，工业机器人的增速有望达到 25%，高技能人才缺口将进一步加大。

（3）工业机器人应用人才结构性矛盾突出　目前国内高职院校工业机器人应用方面的对口专业较少，从事工业机器人现场编程、机器人自动化生产线维护、工业机器人安装调试等岗位人员主要来自对电气自动化技术、机电一体化技术等专业毕业生的二次培训，而且短期培训难以达到要求。

（4）工业机器人应用人才荒　伴随着机器人热的另外一个隐忧也随之浮出水面，那就是工业机器人应用技术的人才荒。一台工业机器人能否投入到生产当中去，以及能发挥多大的作用，取决于生产工艺的复杂性，产品的老样性还有周边设施的配套程度，而解决这些问题却需要3~5名相关的操作维护和集成应用人才。目前，机器人在汽车制造以外的一般工业领域应用需求快速增长，而相应的人才储备数量和质量却捉襟见肘。

目前，工业机器人人才需求分布如图1-49所示。

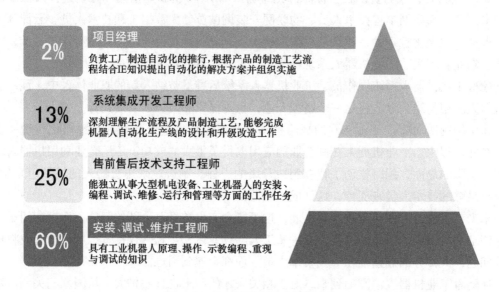

项目经理
2%
负责工厂制造自动化的推行，根据产品的制造工艺流程结合IE知识提出自动化的解决方案并组织实施

系统集成开发工程师
13%
深刻理解生产流程及产品制造工艺，能够完成机器人自动化生产线的设计和升级改造工作

售前售后技术支持工程师
25%
能独立从事大型机电设备、工业机器人的安装、编程、调试、维修、运行和管理等方面的工作任务

安装、调试、维护工程师
60%
具有工业机器人原理、操作、示教编程、重现与调试的知识

图1-49 工业机器人人才需求分布

二、工业机器人职业技能证书情况

1. 工业机器人系统运维员

随着新兴智能技术的发展和应用，传统的第一、第二产业越来越智能化。工业机器人替代生产流水线上简单劳动力的做法逐步推广。工业机器人大量使用，使工业机器人系统运维员的需求剧增。2019年4月，人力资源社会保障部和市场监管总局、国家统计局正式向社会发布了工业机器人系统运维员新职业信息。

近年来，国内企业和科研机构都加大了工业机器人技术研究与本体研究方向的人才引进与培养力度，在硬件基础与技术水平上取得了显著提升，但现场调试、维护操作与运行管理等应用型人才依然缺乏。《制造业人才发展规划指南》预测，到2025年，高档数控机床和机器人有关领域人才缺口将达450万，人才需求量也必定会在智能制造不断深化中变得更大。此次颁布的工业机器人系统运维员职业技能标准遵循客观性、科学性、前瞻性、规范性、可操作性原则，对提升工业机器人系统运维员职业技能，促进智能制造的快速发展等具有重要推动作用，并为相关人才培养指明了方向，对高端制造类人才培养具有深远意义。

（1）职业定义 工业机器人系统运维员是指使用工具、量具、检测仪器及设备，对工业机器人、工业机器人工作站或系统进行数据采集、状态监测、故障分析与诊断、维修及预防性维护与保养作业的人员。

（2）职业等级划分 本职业共设四个等级，分别为：四级/中级工、三级/高级工、二级/技师、一级/高级技师。

（3）职业权重表

1）理论知识权重表

项目		技能等级			
		四级/中级工（%）	三级/高级工（%）	二级/技师（%）	一级/高级技师（%）
基本要求	职业道德	5	5	5	5
	基础知识	25	20	15	10
相关知识要求	机械系统检查与诊断	20	15	10	10
	电气系统检查与诊断	20	15	10	10
	运行维护与保养	30	25	25	25
	数据采集与状态监测	—	5	15	10
	故障处理		15	10	10
	培训、指导与管理	—	—	10	20
合计		100	100	100	100

2）技能要求权重表

项目		技能等级			
		四级/中级工（%）	三级/高级工（%）	二级/技师（%）	一级/高级技师（%）
技能要求	机械系统检查与诊断	30	20	15	10
	电气系统检查与诊断	30	20	15	15
	运行维护与保养	40	30	25	20
	数据采集与状态监测	—	10	15	20
	故障处理	—	20	20	15
	培训、指导与管理	—	—	10	20
合计		100	100	100	100

2. 工业机器人系统操作员

2020年11月，人力资源社会保障部分别与工业和信息化部联合颁布了工业机器人系统操作员国家职业技能标准。

（1）职业定义　工业机器人系统操作员是指使用示教器、操作面板等人机交互设备及相关机械工具，对工业机器人、工业机器人工作站或系统进行装配、编程、调试、工艺参数更改、工装夹具更换及其他辅助作业的人员。该职业要求具有较强的学习、表达、计算、操作和逻辑思维能力，具有一定的空间感、形体知觉，色觉正常，手指、手臂灵活，动作协调性强。

（2）职业等级划分　本职业共设四个等级，分别为：四级/中级工、三级/高级工、二级/技师、一级/高级技师。

（3）职业权重表

1）理论知识权重表

项目		技能等级			
		四级/中级工（%）	三级/高级工（%）	二级/技师（%）	一级/高级技师（%）
基本要求	职业道德	5	5	5	5
	基础知识	15	10	5	5
相关知识要求	机械系统装调	20	20	—	—
	电气系统装调	20	20	—	—
	系统操作与编程调试	40	45	30	15
	系统规划与调整	—	—	35	40
	技术管理	—	—	15	20
	培训指导	—	—	10	15
合计		100	100	100	100

2）技能要求权重表

项目		技能等级			
		四级/中级工（%）	三级/高级工（%）	二级/技师（%）	一级/高级技师（%）
技能要求	机械系统装调	20	15	—	—
	电气系统装调	20	20	—	—
	系统操作与编程调试	60	65	35	20
	系统规划与调整	—	—	40	45
	技术管理	—	—	15	20
	培训指导	—	—	10	15
合计		100	100	100	100

3. 工业机器人操作与运维职业技能等级认定

（1）贯彻落实《国家职业教育改革实施方案》　积极推动学历证书+若干职业技能等级证书制度，积极推进"工业机器人技术"和"机器人工程"专业建设，为制造强国战略所急需的高素质技术技能人才的教育和培训提供科学、规范的依据，北京新奥时代科技有限责任公司（工业和信息化部教育与考试中心）依据当前工业机器人行业发展的实际情况，在实施工业和信息化人才培养工程工业机器人技术技能人才培养项目的基础上，在教育部的指导下，经过对行业人才需求调研，对接教学标准，组织有关专家，编写了《工业机器人操作与运维职业技能等级标准》。

（2）职业技能等级划分　工业机器人操作与运维职业技能分为初、中、高三个级别。

1）初级证书持有者能遵循工业机器人安全操作规范，具有能依据机械装配图、电气原理图和工艺指导文件完成工业机器人系统的安装和调试，能依据维护手册对工业机器人本体进行定期保养与维护，具备工业机器人基本程序操作的能力。

2）中级证书持有者能遵循工业机器人安全操作规范，具有能依据机械装配图、电气原理图和工艺指导文件独立完成工业机器人系统的安装、调试及标定，对工业机器人系统进行基本参数设定、示教编程和操作，能依据维护手册对工业机器人本体及控制柜进行定期保养与维护，能发现工业机器人的常见故障并进行处理的能力。

3）高级证书持有者能遵循工业机器人安全操作规范，具有能依据机械装配图、电气原理图和工艺指导文件指导操作人员完成工业机器人系统的安装、调试及标定，能对工业机器人复杂程序进行操作、编程和调整，能发现工业机器人的常规和异常故障并对故障进行处理，能进行预防性维护的能力。

（3）面向工作岗位（群）

1）工业机器人操作与运维（初级）：主要面向系统集成企业工业机器人安装工程师、调试工程师等岗位；应用企业的操作工程师、维护工程师等岗位。

2）工业机器人操作与运维（中级）：主要面向本体制造企业技术销售员、技术服务工程师、电气工程师等岗位；系统集成企业工业机器人安装工程师、调试工程师、技术销售工程师、技术服务工程师、电气工程师等岗位；应用企业操作工程师、维护工程师、电气工程师、设备管理员等岗位。

3）工业机器人操作与运维（高级）：主要面向本体制造企业技术销售工程师、技术服务工程师、电气工程师等岗位；系统集成企业工业机器人安装工程师、调试工程师、技术销售工程师、技术服务工程师、电气工程师等岗位；应用企业操作工程师、维护工程师、电气工程师、设备管理员、项目管理工程师等岗位。

三、工业机器人专业部分就业岗位

1. 机器人工程师岗位（3年工作经验）

（1）岗位职责

1）配合电气工程师进行机器人方案设计、程序编制、关联产品选型、示教。

2）指导和检查电气安装人员对机器人及关联产品的布线、安装。

3）根据客户要求协助其他部门进行项目前期方案的确定。

4）项目设计过程中与机械设计人员的沟通与协调。

5）为客户提供技术支持。

（2）岗位要求

1）大专以上学历，机电、自动化控制、电气相关专业，能看懂英语资料和手册；优秀应届毕业生亦可。

2）两年以上车身、钣金零部件相关企业机器人相关技术工作经验。

3）熟悉汽车车身电阻点焊、弧焊等焊接工艺。

4）了解机器人控制系统，熟悉机器人周边设备及与周边设备的连接调试工作。

5）熟悉 Panasonic、FANUC、ABB、MOTOMAN、KJA 等一种以上机器人系统的调试和示教工作。

6）熟练操作点焊、弧焊机器人及其附属设备。

7）能进行简单的焊接系统设计及调试，能进行简单的控制系统设计。

8）具有良好的语言表达、沟通协调能力，良好的团队合作精神。

2. 项目经理岗位（5年工作经验）

（1）岗位职责

1）制订、分解各部门项目计划，推动项目进度，及时跟进项目任务的完成情况。

2）与各职能部门紧密互动、负责组织内部资源协调，协调处理解决项目推进过程中的所有问题，如项目进度管理、质量控制、风险管理等。

3）积极组织讨论项目异常情况的解决方案。

4）负责整理收集项目进展各阶段的文档，确保文档的完整性和规范性。

（2）任职要求

1）大专以上学历，机械或自动化专业。

2）五年以上非标自动化设备项目管理经验，熟悉项目管理各个流程节点，熟练掌握项目管理方法和有效管理工具的使用。

3）良好的沟通能力，逻辑思维清晰。

4）较强的抗压能力，积极主动，团队意识强，个性随和，容易相处并具备良好的跨部门沟通及决断能力。

3. 仿真工程师岗位（2年以上工作经验）

（1）岗位职责

1）负责项目仿真数据、工艺文件及机器人安装图样的完成。

2）负责焊枪、机器人可达性及负载、设备干涉及布局的检查。

3）与项目各部门人员进行沟通说明、解答疑问。

4）其他上级交代的事宜。

（2）任职要求

1）大专及以上学历，机械设计等相关专业，有一定英语基础。

2）两年以上相关行业仿真经验。

3）熟练使用 ROBCAD、PDPS 任意一种仿真软件。

4）对白车身工艺有一定的了解。

5）工作细致、敬业、执行力强，有一定抗压能力。

4. 工艺规划工程师岗位（2年以上工作经验）

（1）岗位职责

1）根据客户要求制订工艺方案。

2）进行方案修改和改进，确保达到设计要求，满足客户使用条件。

3）制作设备清单及节拍清单，LAYOUT 即验证可行性。

4）制作方案过程遇到问题要及时进行报告、联络。

5）仿真验证方案可行性。

（2）任职要求

1）大专及以上学历，机械设计等相关专业。

2）两年以上相关行业工艺规划工作经验。

3）熟悉白车身各个部位的相关工艺。

4）熟悉 ROBCAD、POPS 相关软件的操作。

5）具有较强的逻辑思维能力、沟通表达能力和纪律性，有一定抗压能力。

5. 电气设计工程师岗位（2 年以上工作经验）

（1）岗位职责

1）配合并支持部门的工作安排和调配，担任电气项目设计调试工作。

2）独立完成上位机编程调试，并能胜任中小型项目 PLC 程序的设计调试工作。

（2）任职要求

1）熟练掌握上位机软件 KingyIEW、KingSCADA、WINCSCADA 中一种以上软件的编程调试，具有上位机软件开发经验，掌握 MITSUBISHI、SIEMENS、OMRON 等系列 PLC 中的一种或几种，以及 MITSUBISHI、SIEMENS、OMRON、PROFACE、WEINVIEW 等系列 HMI 中的一种或几种；能使用软件 EPLAN 进行电气原理图的设计，能独立完成 PLC 以及 HMI 程序的设计以及现场的调试工作。

2）两年以上非标行业相关工作经验，有生产线上位机监控软件的编程调试经验，有机器人控制系统集成经验。

3）有上位机软件应用经验者更佳。

（3）素质要求　能适应不定期出差，具有良好的表达能力、沟通能力，能承受一定的工作压力，具有敬业精神，有荣誉感和团队合作精神。

学习活动4 评价职业认知

学习目标

1）能客观评价工业机器人职业认知学习的情况。
2）能接受他人的评价。
3）能够根据其他人评价改进职业认知学习的效果。
建议学时：2学时。

学习准备

教材、实训室设备、多媒体设备、互联网资源，互联网资源参考本任务学习活动1。

学习过程

1）各小组汇报人展示调查过程、方法和结果。
2）小组其他人员补充。
3）其他小组成员提出建议。
4）开展自我评价、小组互评、教师评价，学习任务评价见表1-3。

表1-3 学习任务评价

班级：　　　　　　　　　　　小组：

小组名称		小组成员				
序号	评价项目	评价内容	配分	自评分	他人评分	小计得分
1	职业素养	积极参与调研活动	10			
2		认真聆听访谈者的谈话	10			
3		团队协作精神	10			
4	计划能力	小组分工合理	10			
5		调研问卷设计合理	10			
6	调研实施	调研数据详实	10			
7		报告编写规范	10			
8	评价	汇报人神态自然	10			
9		汇报语言清晰	10			
10		汇报内容准确	10			
11	合计		100			

学习任务二

工业机器人企业调研

▶ 学习目标

1) 制订工业机器人应用与维护专业人才需求的调研工作计划，并参加企业调研。
2) 通过查阅资料了解工业机器人应用与维护专业的社会需求情况和发展前景。
3) 通过调研树立专业学习信心，增加专业学习动力。
4) 培养沟通和团队合作能力。
5) 培养提出建议和意见的意识和能力。
6) 培养接受意见和建议的良好心态。

▶ 建议学时

12 学时。

▶ 工作情境描述

　　通过网络搜索、行业和企业现场调研，整理形成"工业机器人应用与维护专业人才需求及岗位晋升通道"专题报告，使学生对工业机器人应用与维护专业在就业单位、就业岗位、岗位晋升等方面都有一个全面的了解，建立工业机器人应用与维护专业的职业认同感，为专业学习打下良好的基础。

　　学生在教师带领下到企业实地考察学习，在上一个学习任务中，老师提供了一个理论的初步概述，学生对工业生产的流程和结构有了初步认识。在这个任务中，学生需要编制企业调研的计划，通过到企业参观，验证和转移吸收知识，并以小组合作的方式展示他们的调研成果和结论，从而培养必要的动机，进一步学习接下来的课程。此外，通过调研企业的生产工作流程，获知完成任务的一般性步骤，对"六步骤"的行动导向式学习有具体的了解，为开始工业机器人的课程学习奠定基础。

▶ 教学流程与活动

1) 企业调研信息收集。
2) 制订企业调研计划。
3) 实施企业调研。
4) 评价企业调研。

学习活动 1　企业调研信息收集

 学习目标

通过调研工业机器人应用与维护专业对应的行业和企业发展现状、匹配职业的技能人才需求、同类院校本专业办学情况和本专业毕业生就业与发展情况，完成以下调研内容。科学定位本专业人才培养方向和人才培养层次，为下一步开展工业机器人应用与维护专业工学一体课程与教学改革，构建校企双制人才培养模式确定正确的方向。

1）了解全国各地工业机器人产业发展现状、政策及趋势。

2）了解全国各地同类院校工业机器人应用与维护专业人才培养现状、专业建设及发展趋势。

3）了解工业机器人制造、应用行业和企业的岗位设置现状及对于该专业技能人才的培养需求。

4）分析确定工业机器人应用与维护专业对接的主要岗位及岗位任职要求，提出工业机器人应用与维护专业的培养目标及培养建议。

建议学时：6学时。

学习准备

教材、互联网资源（通过百度查询）、实训室设备、多媒体设备。

学习过程

一、工业机器人专业调研

该调研包括：行业调研、企业调研、同类院校调研、近三年毕业生就业与其职业发展情况调研。

1. 行业调研

全面系统地调研整个行业和主要企业的发展现状及发展趋势。研究行业的生存背景、产业政策、产业布局、产业生命周期、该行业在整体宏观产业结构中的地位以及各自的发展方向与成长背景；研究行业市场内的特征、竞争态势、市场进入与退出的难度以及市场的成长性。

（1）调研对象　调研对象为工业机器人应用与维护专业所涉及的行业协会，如广东省机器人协会等。

（2）调研内容　完成工业机器人应用与维护专业对应的行业发展现状与发展趋势，工业机器人应用与维护专业对应的行业技能人才需求状况，企业各级用人层次及数量需求、岗位工作内容和要求等内容的调研。

（3）调研方法与结果　本次行业调研方法主要采用现场访谈法，并利用 Baidu 等搜索引擎，以"工业机器人调研报告""机器人行业年度研究报告"等为关键词搜索并下载相关文档，整理归纳出行业发展现状与发展趋势。

2. 企业调研

了解工业机器人制造、应用企业的岗位设置现状及对于该专业技能人才的培养需求。

（1）调研对象　本次调研企业涉及机器人本体生产厂商、机器人系统集成商、机器人终端用户，实地调研的面谈对象主要是技术骨干和一线岗位工作人员。

（2）调研内容　完成与工业机器人应用与维护专业匹配的职业内涵、职业岗位群与工作职责，工业机器人应用与维护专业匹配职业的技能人才层次分类及数量需求，各层级技能人才主要工作任务及对应的能力特征等内容的调研，并分析各层级技能人才与国家职业技能标准等级要求的对应情况。

（3）调研方法与结果　本次企业调研以"实事求是、数据准确、贴近市场"为原则。调研（收集信息）的方式主要有：供需见面会访谈、网上调查、各种类型人才培养模式研讨会、职业教育论坛、专家讲座报告会以及企业实地考察等。根据回收的调查表，做归类数据分析。

3. 同类院校调研

目的在于分析本专业同类院校办学情况、师资情况、开设课程、场地建设等情况。

（1）调研对象　调研对象为学校所在地区开办本专业的同类职业院校和技工学校。

（2）调研内容　同类院校工业机器人应用与维护专业培养方向定位、培养层次定位、近年办学规模、主要开设课程、技能竞赛成绩等内容的调研。

（3）调研方法与结果　针对调研的目的和调研内容，通过调研问卷、实地访谈咨询、电话访谈咨询、网络搜集资料等获取调研数据。

4. 近三年毕业生就业与职业生涯发展情况调研

目的在于了解本专业毕业生就业与发展情况，从而让学生坚定对本专业的信心。

（1）调研对象　调研对象为学院本专业毕业生及其他兄弟院校的毕业生。

（2）调研内容　完成本学院工业机器人专业历届毕业生就业与职业生涯发展情况等内容的调研。主要内容包括：

1）毕业生的基本情况。

2）毕业生在校期间的专业知识学习情况。

3）毕业生的就业基本情况。

4）毕业生就业期间的专业技能应用情况。

5）毕业生职业的发展情况。

6）毕业生的工资待遇情况。

7）毕业生就业期间的通用素质要求。

8）其他有助于专业建设与毕业生就业的建议或意见。

9）毕业生的就业岗位情况。

10）未来三年工业机器人应用与维护专业毕业生就业形势。

11）机器人行业中哪种人才最受企业欢迎。

12）课程重要程度分析。

（3）调研方法与结果　问卷调查为主，通过问卷分析可以得出毕业生就业对口率、就业薪酬情况、从事的岗位情况、机器人行业中哪种人才最受欢迎。

二、调研途径和方法

通过网络调研、企业调研、专家研讨、专业文献等几种途径，以小组为单位讨论说明各有什么优缺点，并填写在表 2-1 中。

表 2-1　调研方法分析表

调研途径	调研操作方法	优点	缺点	注意事项
网络调研				
企业调研				
专家研讨				
专业文献				

将每个小组计划调研的单位名称、性质、主要产品类型、访谈人员、联系人员电话、预约时间填入表2-2中。

表2-2 调研企业名单

单位名称	性质	主要产品类型	访谈人员	联系人员电话	预约时间

三、调查问题的设计

1. 调研问卷的形式

调研问卷主要有三种形式：封闭式问题、开放式问题和量表应答式问题。

（1）封闭式问题　最常见的封闭式问题有三种：两项选择法、多项选择法，顺位法。

优点：被访者易于作答，能节省调查时间，提高问卷回收率，同时，标准化答案便于统计分析和制表。

缺点：被调查者在选答案中若找不出适合自己的选项，很可能任意选择，导致调查结果出现偏差。

（2）开放式问题

优点：

1）调查者拟定问题比较容易。

2）被调查者回答问答思路不受限制，调查者可获得更为广泛的信息和建设性意见。

缺点：

1）调查时间较封闭式问题长，调查易被拒答，回答率较低。

2）对答案的审核、编码、分析烦琐，不便于数据整理和上机进行统计分析。

（3）量表应答式问题　最基本的量表应答式问题有：评比量表和主意差别量表两种。具体到会展调研，最常用的是评比量表。

评比量表是量表的最基本形式，它是单选题词针对一个主题进行提问，选项是从一个极端经过一定的刻度值到另一个极端的尺度，如非常满意、满意、一般、不满意、非常不满意。

2. 调查问卷的设计要点

一份有效的调查问卷应遵循以下原则：

（1）准确性原则　作为搜集数据的工具，问卷应保证数据的准确性，作为调查的脚本，问卷的措辞、顺序、结构和版式等方面应当保证所需信息被准确翻译为问卷中的问题，被调查者能够准确理解问题，并能够给出正确的回答，作为记录工具和编码工具，问卷应能提供规范的记录方式和编码方式，保证被调查者或调查员记录的答案准确清晰，设计的编码能准确代表原资料的信息，以满足录入、编码和分析环节的要求。

（2）逻辑性原则　问卷的设计要有整体感，这种整体感即是问题与问题之间要具有逻辑性，独立的问题本身也不能出现逻辑上的错误。问题设置紧密相关，因而能够获得比较完整的信息。调查对象也会感到问题集中、提问有章法。相反，如果问题是发散的、带有意识流痕迹的，问卷就会给人以随意性而不是严谨性的感觉。因此，逻辑性的要求即是与问卷的条理性、程序性分不开的。已经看到，在一个综合性的问卷中，调查者将差异较大的问卷分块设置，从而保证了每个"分块"的问题都密切相关。

（3）一致性原则　问卷内容应与调查者所希望了解的内容相一致。在许多调查中，调查发起者提出调查目的后，并不能清楚完整地提出具体的调查内容的要求，此时设计人员应当与数据使用者积极沟通，相互协调，设法挖掘出调查发起者的潜在需求。必要时可以通过预调查，探索本次调查可能涉及的问题。通过结果的分析，找出调查目的，问卷还应包括哪些方面的具体内容。

（4）完整性原则　在设计问卷时，问卷内容应能涵盖调查目的所需了解的所有内容。这里的完整性不仅包括问题的完整，还包括具体问题中所给答案选项的完整，即不应出现被调查者找不到合适选项的情况。

（5）可行性原则　问卷应保证被调查者愿意并如实回答问卷，这是得到有效数据的必要条件之一。问卷的设计还要保证编码、分析的可行性，被调查者提供的回答应是可量化的。

（6）效率原则　就是在保证获得同样信息的条件下，选择最简捷的询问方式，以使问卷的长度、题量和难度最小，节省调查成本。在一定成本下，要使问卷尽量获取全面、准确、有效的信息，但并不等于一味追求容量大、信息多，与本次调查目的无关的问题不要询问，否则不仅造成人力、物力、财力的浪费，还可能引起被调查者的反感与厌恶，拒访率增高，数据质量下降，问卷效率反而降低。另一方面，追求高效率并不等于低成本，一味地降低成本可能导致数据准确性和可靠性降低。反而是低效率。

（7）模块化原则　为使问卷结构分明，便于维护与更新，可以考虑使用模块化的设计方法，即将问卷划分为若干个功能块，每个功能块由若干道题目构成，功能块内部具有较强的联系，功能块之间具有相对的独立性。

3. 调查问卷的组成部分

一份完整的调查问卷包括以下基本部分：

（1）问卷标题

（2）封面信

1）称呼、问候。

2）调查人员的自我介绍。

3）本次调查的目的、意义。

4）填写问卷所需的时间说明。

5）保证作答对被调查者无负面作用，并替他保守秘密。

（3）主体调查内容，包括：

1）具体问题。

2）备选答案。

3）回答说明和编码。

4）被调查者基本情况。

4. 调查问卷的注意事项

1）有明确的主题。根据调查主题，从实际出发拟题，问题目的明确，重点突出，没有可有可无的问题。

2）结构合理、逻辑性强。问题的排列应有一定的逻辑顺序，符合应答者的思维程序。一般是先易后难、先简后繁、先具体后抽象。

3）通俗易懂。问卷应使应答者一目了然，并愿意如实回答。问卷中语气要亲切，符合应答者的理解能力和认识能力，避免使用专业术语。对敏感性问题采取一定的调查技巧，使问卷具有合理性和可答性，避免主观性和暗示性，以免答案失真。

4）控制问卷的长度。回答问卷的时间控制在20分钟左右，问卷中既不浪费一个问题，也不遗漏一个问题。

5）便于资料的校验、整理和统计。

学习活动 2　制订企业调研计划

 学习目标

1）能根据小组人员情况完成小组工作分工。
2）能根据调研需求，编制行业、企业、同类院校、企业员工的调研问卷。
建议学时：2 学时。

学习准备

教材、互联网资源（百度等搜索引擎）、实训室设备、多媒体设备。

学习过程

1. 分组

根据班级规模将学生分成若干个小组，每组以 3~4 人为宜，并讨论推荐 1 人为小组长，负责本组工作计划制订、具体实施、讨论汇总及统一协调；推荐 1 人为汇报人，负责调查情况的交流汇报。小组成员及分工安排见表 2-3。

表 2-3　小组成员及分工安排表

序号	姓名	职位	工作内容	备注

注：职位指组长、组员。

2. 编制企业调研提纲

（1）企业基本情况　调研提纲包括公司成立背景、成立时间、各类产品的大致情况和大致的范围、市场状态和规模、发展前景等，见表2-4。

表 2-4　企业基本情况表

企业名称：		填表日期：
注册资本：		企业性质：
厂房面积：		总资产：
员工数量（管理人员、技术开发人员、生产工人人数）：		
有无研发机构：		研发投入情况：
公司主要产品：		公司地址：
主要股东：		

（2）主要资质证书（见表2-5）

表 2-5　企业资质证书一览表

证件名称	发证部门	领证时间	有效期至

（3）生产能力、运行情况及最近三年本产品销售业绩

1）生产能力描述。

2）产品情况（产品种类、型号、主要特点）。

3）销售业绩。

4）工业机器人产量、产能。

5）主要服务对象。

（4）主要合作供应用商或零部件情况。

3. 编制企业人事经理访谈提纲
（1）访谈人员信息（见表 2-6）

表 2-6　访谈人员信息

被访者姓名		电话	
工作职务		访谈地点	
工作单位			
单位地址			
访问人		记录人	
陪同人员			

（2）访谈提纲（见表 2-7）

表 2-7　访谈提纲

引导问题	1. 请您简单介绍一下贵公司的基本情况
回答记录	
引导问题	2. 请谈谈您目前的工作情况（入职年限、职务、日常工作等）
回答记录	
引导问题	3. 请您介绍一下所在公司与工业机器人相关部门的人员组成

（续）

回答记录	
引导问题	4. 请您谈谈企业对工业机器人技术人员的需求情况（现状、未来），对技能型人才需求占比如何
回答记录	
引导问题	5. 请您介绍下您所在企业为工业机器人技能型人才设置了哪些岗位，这些岗位需要哪些基本技能
回答记录	
引导问题	6. 请您介绍下贵公司技术人员岗位晋升通道是怎样？周期一般需要多长时间
回答记录	
引导问题	7. 请您谈谈贵公司最注重人才的哪些方面
回答记录	
引导问题	8. 您觉得企业内工业机器人技能型人才还欠缺哪些方面的能力
回答记录	

（续）

引导问题	9. 您觉得这些欠缺的能力可以通过何种方法来提高
回答记录	
引导问题	10. 贵公司是否有培训需求？培训内容主要有哪些？是如何开展的
回答记录	
引导问题	11. 请您介绍一下公司的生产流程
回答记录	
引导问题	12. 在生产过程中，岗位之间的配合要求如何
回答记录	
引导问题	13. 您觉得工业机器人技术发展怎样？（现状、未来）
回答记录	
引导问题	14. 您觉得工业机器人应用与维护专业发展前景如何
回答记录	

4. 编制在职员工访谈提纲

在职员工访谈提纲样例

一、参加问卷调查人员信息

姓名（签字）：　　　　　　　　电话：

Email：　　　　　　　　　　　QQ：

工作单位：

二、调查问卷

1. 您的年龄是？

A. 18~20 岁　　　B. 21~25 岁　　　C. 26~30 岁　　　D. 31~35 岁

E. 36~40 岁　　　F. 40 岁以上

2. 您在这家企业工作多久了？

A. 1 年以下　　　B. 1~3 年　　　C. 4~6 年　　　D. 7~10 年

E. 10 年以上

3. 您所在企业属于以下什么类型？

A. 机器人生产商　　　　　　　B. 机器人集成商

C. 机器人应用企业　　　　　　D. 研究机构

E. 其他类型企业，请注明____

4. 贵公司所选用的工业机器人品牌是？（可多选）

A. 发那科　　　B. ABB　　　C. 库卡　　　D. 那智（NACHI）不二越

E. 川崎　　　F. 史陶比尔　　　G. 柯马　　　H. 爱普生

I. 安川　　　J. 新松　　　K. 广数　　　L. 埃夫特

M. 新时达　　　N. 其他____

5. 您的职务是？

A. 人力资源主管　B. 项目经理　　C. 技术主管　　　D. 技术工人

E. 销售人员

6. 您的学历是？

A. 中学　　　　　　　　　　　B. 中职（中专、中级工）

C. 高职（大专、高级工）　　　D. 本科（预备技师、技师）

E. 研究生及以上

7. 您所学的专业是？

A. 机械类　　　B. 电气控制类　　C. 管理类　　　D. 营销类

E. 艺术类

8. 您的月收入是？

A. 1500~1999 元　　　　　　　B. 2000~2499 元

C. 2500~2999 元　　　　　　　D. 3000~3999 元

E. 4000~5999 元　　　　　　　F. 6000~9999 元

G. 10000 元以上　　　　　　　H. 其他，请注明____

9. 您所在企业性质是？

A. 国有企业　　　B. 民营企业　　　C. 合资企业　　　D. 外资企业

10. 您所在企业人数是?

A. 20 人以下　　　B. 20~100 人　　　C. 101~500 人　　　D. 500 人以上

11. 您所在企业成立年限是?

A. 1~3 年　　　B. 4~6 年　　　C. 7~10 年　　　D. 10 年以上

12. 您所在企业技术来源?

A. 自主知识产权　　　　　　　　B. 引进+吸取改造

C. 组装　　　　　　　　　　　　D. 其他, 请注明____

13. 您所在企业在区域内属于?

A. 高新技术企业　　　　　　　　B. 龙头企业

C. 品牌企业　　　　　　　　　　D. 普通企业

14. 贵公司所在行业是?

A. 汽车及汽车零部件制造业　　　B. 电子电气业

C. 橡胶及塑料业　　　　　　　　D. 冶金

E. 食品　　　F. 化工　　　G. 金属加工　　　H. 智能装备业

I. 教育培训　　　J. 其他____

15. 贵公司发展规划是?

A. 融资扩产　　　B. 控制规模　　　C. 在本区域做强　　D. 转行发展

E. 维持现状　　　F. 其他____

16. 您认为未来三年本行业的发展趋势是?

A. 竞争更加激烈　　　　　　　　B. 实行重大调整

C. 发展平缓　　　　　　　　　　D. 步入收缩期

17. 贵公司近三年录用的工业机器人技术人员的学历是? (可多选)

A. 中学　　　B. 中职 (中专、中级工)　　　C. 高职 (大专、高级工)

D. 本科 (预备技师、技师)　　　　　　　E. 研究生及以上

18. 贵公司今后三年对工业机器人应用型人才的需求情况是?

A. 5 人以下　　　B. 5~10 人　　　C. 11~20 人　　　D. 20 人以上

E. 不确定

19. 贵公司招聘职业院校工业机器人专业毕业生的主要目的是?

A. 一线生产　　　B. 设备维护　　　C. 技术人员储备　　D. 推荐给客户

E. 短期使用

20. 贵公司招聘工业机器人应用型人才的途径是?

A. 职业院校招聘会　　　　　　　B. 人才市场　　　C. 网上招聘

D. 中介公司　　　　　　　　　　E. 门口贴单

21. 贵公司招聘工业机器人应用型人才需要何种职业资格证书? (可多选)

A. 电工证　　　B. 钳工证　　　C. 焊工证　　　D. 可编程序控制系统设计师证

E. 办公软件证　　　F. CAD 证　　　G. 其他, 请注明____

22. 职业资格证等级要求?

A. 操作 (上岗) 证　　　　　　　B. 初级证　　　C. 中级证

D. 高级证　　　　　　　　E. 技师证　　　　F. 无要求

23. 职业院校的工业机器人毕业生的主要就业岗位有哪些？（可多选）

A. 辅助人员　　　B. 机械加工　　　C. 绘图　　　　D. 机械装配

E. 电气调试　　　F. 设备操作维护　G. 程序编辑　　H. 售后服务

I. 一线管理　　　J. 仿真设计　　　K. 后勤仓管　　L. 其他，请注明＿＿＿

24. 职业院校毕业生能升迁的可能岗位？（可多选）

A. 班组长　　　　B. 车间管理　　　C. 工艺人员　　D. 设计人员

E. 营销人员　　　F. 维修内勤　　　G. 现场主管　　H. 售后服务

I. 其他管理　　　J. 技术总监

25. 贵公司应用型人才从低岗位到高岗位升迁的工作年限是？

A. 1 年以上　　　B. 3 年以上　　　C. 5 年以上　　　D. 不确定

26. 贵公司对人才的综合能力方面有何要求？（限选 3 项）

A. 较好的业务技能　　　　　B. 较强的营销意识

C. 良好的人际关系　　　　　D. 较强的管理能力

E. 较好的外语水平　　　　　F. 信息技术处理能力

G. 其他，请注明＿＿＿

27. 从工作性质考虑，公司尤其看重员工哪些方面的素质能力？（限选 3 项）

A. 独立工作能力　B. 合作能力　　　C. 创新能力　　D. 写作能力

E. 综合分析能力　F. 表达能力　　　G. 自主学习能力　H. 沟通能力

I. 应变能力　　　J. 其他，请注明＿＿＿

28. 目前，职业院校机器人专业应届毕业生在实际岗位中突出的问题有哪些？（限选 3 项）

A. 缺乏行业特点的专业背景知识　　B. 技术知识不扎实

C. 所学专业知识与工作需要脱节　　D. 不了解相关行业法规标准知识

E. 实践能力薄弱　　　　　　　　　F. 自我管理能力弱

29. 贵公司工业机器人技术人员要求掌握哪些方面技术？（可多选）

A. 机械加工技术　　　　　B. 电气控制技术　C. 电子技术

D. 机械安装技术　　　　　E. 非标设计　　　F. PLC 技术

G. 触摸屏技术　　　　　　H. 变频技术　　　I. 机器人操作编程技术

J. 机器人维修技术　　　　K. 焊接技术　　　L. 其他＿＿＿

30. 您认为职业院校的学生学习理论知识和掌握实践技能的关系是？

A. 理论为主，实践为辅　　　　B. 实践为主，理论为辅

C. 理论与实践并重

31. 请问贵公司哪些专业技术人员比较缺乏？（限选 3 项）

A. 机械助理工程师　　　　　B. 电气助理工程师

C. 工艺员　　　　　　　　　D. 操作维护员

E. 设备安调人员　　　　　　F. 编程人员

G. 现场管理人员　　　　　　H. 售后服务人员

I. 销售人员　　　　　　　　J. 其他，请注明＿＿＿

32. 据您了解，本省机器人行业技术人才供需状况如何？

A. 人才过剩　　　B. 人才紧缺　　　C. 基本平衡

33. 针对您的岗位，在实施一个完整的工作项目过程中，还需要哪些岗位的人员共同参与？

34. 您在完成一项日常的技术工作时，一般步骤是什么？

35. 您在日常工作中会采用哪些规范？（含国家标准、行业标准和企业标准）

36. 在工作过程中会接触到哪些文档？（如单据、表格、图表、说明书等）

37. 在工作过程中会使用到哪些材料和工具？（如扎带、扳手等）

学习活动3　实施企业调研

学习目标

1）能按制订的企业调研计划完成企业调研的任务。
2）能根据企业调研的数据完成调研分析及撰写调研报告。
建议学时：4学时。

学习准备

教材、互联网资源（百度等搜索引擎）、实训室设备、多媒体设备。

学习过程

1）根据设计的工业机器人专业行业调研问卷进行相关问题的记录。
2）针对调研的结果进行数据分析。
3）撰写调研情况报告。
4）组内和组间进行交流汇报。并把计划中没考虑到的情况记录在下面空白处。

工业机器人应用与维护专业行业及企业调研报告提纲

一、调研背景

（一）调研目的

（二）调研意义

二、调研基本信息

（一）行业调研的基本信息

（二）企业调研的基本信息

（三）同类院校调研的基本信息

（四）近三年毕业生就业与职业生涯发展情况调研

三、调研分析

（一）工业机器人行业及企业发展现状分析

（二）行业技术发展趋势分析

（三）工业机器人应用与维护专业各级和人层次及数量需求分析

（四）工业机器人专业对应的职业及其内涵分析

（五）职业岗位群及工作职责分析

（六）工业机器人职业技能人才层次分类及数量需求

（七）各层级技能人才主要工作任务、对应的能力特征分析

（八）各层级技能人才主要工作任务的工作过程与知识技能要求

（九）同类职业院样工业机器人应用与维护专业的办学情况分析

（十）近三年同类院校工业机器人应用与维护专业毕业生就业及职业生涯发展情况分析

四、调研结论

（一）各层次技能人才培养方向及培养目标定位

（二）各层次技能人才培养层次定位与培养要求

学习活动4 评价企业调研

学习目标

1) 能客观地评价企业调研的完成情况。
2) 能对他人提出建议和意见。
3) 具备接受意见和建议的良好心态。
建议学时：2学时。

学习准备

教材、互联网资源（百度等搜索引擎）、实训室设备、多媒体设备。

学习过程

一、各小组汇报人展示调查过程、方法和结果。
二、小组其他成员补充。
三、其他小组成员提出建议。
四、开展自我评价、小组互评、教师评价，任务评价见表2-8。

表2-8 任务评价

小组名称		小组成员				
序号	评价项目	评价内容	配分	自评分	他人评分	小计得分
1		积极参与调研活动	10			
2	职业素养	认真聆听访谈者的谈话	10			
3		团队协作精神	10			
4	计划能力	小组分工合理	10			
5		调研问卷设计合理	10			
6	调研实施	调研数据详实	10			
7		报告编写规范	10			
8		汇报人神态自然	10			
9	评价	汇报语言清晰	10			
10		汇报内容准确	10			
	合计		100			

学习任务三

职业生涯规划

学习目标

1）制订个人的职业生涯规划。

2）通过咨询老师或查询网络及聆听专家讲座等，结合自身实际，完成个人的职业生涯规划。

建议学时

12 学时。

工作情境描述

在老师的指导下，制订个人的职业生涯规划计划。通过小组讨论，教师讲授的方式，结合自身性格、兴趣和特长、能力、环境等，编制个人的职业生涯规划书，逐渐建立对工业机器人应用行业的职业认同感。

教学流程与活动

1）收集职业生涯规划信息。

2）制订职业生涯规划计划。

3）编制职业生涯规划书。

4）评价职业生涯规划书。

学习活动 1　收集职业生涯规划信息

学习目标

1）个人职业生涯规划包括哪些方面的内容？
2）总结工业机器人职业认知的手段有哪些？
建议学时：1 学时。

学习准备

教材、实训室设备、多媒体设备、互联网资源，互联网资源如下：
百度 https：//www. baidu. com。
职业生涯网 http：//www. zhiyeguihua. com。
新精英生涯 https：//www. xjy. cn。

学习过程

现在的你一定会有这样的困惑："我会干什么？我该干什么？"专业地说，就是你对"职业"的困惑。相信完成本次任务后，你一定会有收获的。那么，什么是职业生涯规划呢？你听说过职业生涯规划吗？在回答这个问题之前，请你先完成下面的问题：

1）你的兴趣是什么？
2）你曾经想成为什么样的人？
3）你对哪些知识比较感兴趣？
4）你的性格适合做什么工作（不同的工作适合不同性格的人去做）？
5）职业生涯规划是把个人和组织相结合，在对一个人职业生涯的主、客观条件进行测定、分析、总结研究的基础上，对自己的兴趣、爱好、能力、特长、经历及不足等各方面进行综合分析与权衡，结合时代特点，根据自己的职业倾向，确定最佳的职业奋斗目标，并为实现这一目标做出行之有效的安排。这个安排包括一个人的学习与成长目标，以及对一项职业和组织的贡献和成就的期望。那么，制订个人职业生涯规划的作用和意义是什么？

回答完上面的问题，再问问向己："我对自己未来的职业有什么设想？"许多职业咨询机构和心理学专家在进行职业咨询和职业规划时常常采用 5 个"W"的思考模式，即以下 5 个问题：

Who am I？（我是谁？）
What can I do？（我会做什么？）
What will I do？（我想做什么？）
What does the situation allow me to do？（环境支持或允许我做什么？）
What is the plan of my career and life？（我的职业与生活规划是什么？）

职业，在人的一生中占有极其重要的位置。人们除了要通过从事某种职业得以维持生计外，还可以通过职业参与社会实践享有各种权利和义务、受到社会的认可和尊重、在社会实践中贡献和激发自己的聪明才智、实现自身价值和人生理想，进而完善自我。所以，了解职业的基本知识，掌握职业的分类和变化趋势，树立正确的就业观，对于促进职业生涯的成功，有着重要的意义。

一、职业

1. 职业的内涵

职业是人类社会发展到一定阶段的产物。在原始社会初期，只有自然分工（以性别、年龄为基础的自然劳动分工），并无职业可言。随着生产力的发展，社会分工逐渐形成，大约在旧石器时代晚期，氏族公社里产生的不稳定的分工，这就是职业的萌芽。随着社会生产力的发展，第一次社会大分工出现，农业和畜牧业分离，产生了专门从事农业种植和畜牧业养殖的劳动者，职业就此产生了。之后，因为私有制产生，出现了阶级，导致了体力劳动和脑力劳动的对立，出现了专门的劳动管理、商业经营，乃至文化艺术、教育等脑力劳动。就这样，随着生产力水平的提高，科技进步和社会化大生产的发展，社会劳动分工的日益细化，生产专业化程度越来越高，新的劳动职业不断增加，出现了千百种职业。

《现代汉语词典》将职业解释为："个人在社会中所从事的作为主要生活来源的工作。"可见，职业是参与社会分工，利用专业的知识和技能，为社会创造物质和精神财富，获取合理的报酬作为物质生活来源，并满足精神需求的工作。选择并从事一定的职业，对每个人都非常重要。它是人们安身立命的基础，是个人价值转化为社会价值的载体，是一个人社会地位的一般性表征。

2. 职业的要素

职业要素体现了职业是社会与个人、整体与个体的联结点，社会整体依靠每一个个体通过职业活动来推动和实现发展目标，个体则通过职业活动对整体做出贡献，并索取一定的报酬以维持生活。

（1）职业名称　顾名思义，就是职业的名称。它是职业的符号特征，一般是由社会通用称谓来命名。如汽车驾驶员、动物检疫检验员、加工中心操作工等。

（2）职业主体　从事一定社会分工活动的劳动者，必须具有承担该职业活动所需要的资格和能力。

（3）职业客体　职业活动的工作对象、内容、劳动方式和场所等。如，汽车驾驶员的工作对象是汽车，厨师的工作对象是食材。

（4）职业报酬　通过职业活动所取得的各种报酬。通常体现为工资、劳务费等。

（5）职业技术　劳动者在从事职业活动中所运用的自然技术、社会技术与思维技术的总和。它体现在人们从事职业活动中使用的工具、材料、工艺方法的发展和应用，也包括尚未形成系统的科学经验。例如，焊接技术属于焊接工人的职业技术。

3. 职业的特征

（1）社会性　职业充分体现了社会分工，是社会生产力发展的产物，每一种职业都体现了社会分工的细化，体现了对社会生产和社会进步的积极作用，社会成员在一定的社会职业岗位上为社会整体做贡献，社会整体也以全体成员的劳动成果作为积累而获得持续的发展和进步。

（2）经济性　职业活动是以获得谋生的经济来源为目的的，劳动者在承担职业岗位职责并在完成工作任务和过程中索取经济报酬，既是社会、企业及用人部门对劳动者付出劳动的回报和代价，也是维持家庭和社会稳定的基础。

（3）技术性　自职业诞生之初，社会上就不存在没有技术的职业。任何一个职业岗位，都有相应的职责要求，能胜任和承担岗位工作的人，除了达到该岗位职业道德、责任义务、服务要求以外，至少要达到持证上岗的技术水准。例如，所有岗位对学历证书、职业资格证书、专业技术考核证书、上岗培训合格证、专业工作年限等，都有具体的规定，只有达到要求才能上岗。

（4）稳定性　任何一种职业都要经历一个从酝酿到形成，从发展到完善，再到消亡的变化过程。一般来说，构成职业生存的社会条件的变化是比较缓慢的，职业的生命周期具有相对的稳定性。但是，这种稳定性是相对的，随着现代社会经济、科技、文化的快速发展，特别是科学技术的日新月异，促使原有职业活动产生变化。

（5）群体性　职业的存在常常和一定的从业人数密切相关。凡是达不到一定数量从业人员的劳动，都不能称其为职业。更重要的是从业者由于处于同一企业、同一车间或同一部门，他们会形成语言、习惯、利益、目的等方面的共同特征，从而使群体成员不断产生群体认同感。

（6）规范性　从事职业活动必须遵从一定的规范及职业规范，它主要包括人们在就业活动中应遵守的各种操作规则及办事章程、职业道德规范和职业活动中养成的种种习惯。

4. 职业的功能

（1）职业是个人生存和发展的基本途径　职业是个人生存、参与社会生活的一种基本方式。通过职业活动，人们谋取维持其生存和发展的经济基础。作为一种最为重要的谋生手段，职业活动能够带给劳动者稳定的收入，以此购买物质生活资料，从而满足劳动者基本的生存需要，带来精神上的满足。

不仅如此，职业还是促进个性发展的途径。不同的职业活动都具有自身的内在规律和外在要求，对劳动者知识和技能、生理和心理等方面有不同的要求。人们参与职业活动不仅可以在特定岗位上增长知识和才干，同时还能够在长期的实践过程中不断提高自身水平，完善自身素质。同时，劳动者个人的兴趣、爱好、性格等方面都会有不同程度的升华和完善。劳动者从事的职业活动具有社会意义，不同的职业还会给人们带来一定名誉和权力、社会地位等。在职业生涯中，人生的价值不断得以提升和升华。所以说，职业不仅是人们生存的基础，也是实现自身价值的基本途径。

（2）职业是个人才智发挥的广阔舞台　每个人都有自己的理想，总是在为理想而努力奋斗，这是人和其他动物的重大区别之一。职业为人们的理想插上腾飞的翅膀，在职业生涯中，人的聪明才智得到了充分的发挥。

通过职业活动，人们承担一定的社会角色，获得相应的社会评价和认同。人生的价值在于个人对社会的贡献和社会对个人的尊重和满足的高度统一。在职业上，人们尽可发挥自己的才智，向社会展示和贡献自己的价值。同时，社会也会根据个人对社会贡献的大小，给予相应的回报。个人对社会的贡献越大，社会给予的回报也会越多，人生价值就会得到更大的实现。

（3）职业是社会发展的坚实基础　职业活动构成了人类社会生活的基础，对社会进步和发展也起到了积极的推动作用。职业活动创造的物质财富不仅可维持人类的生存和繁衍，也为社会存在和发展提供了物质基础。通过各行各业的职业活动，社会物质财富和精神财富都得到了不断的积聚。众人拾柴火焰高，只有每个人在职业活动中都尽自己的最大能力为社会财富的积聚做出最大的贡献，社会财富的"蛋糕"才会做得更大，我们每个人才有可能分到更大的一块。

人们在各种职业活动中创造了文字、音乐、绘画、书法、电影等各种形式的精神财富，这些精神财富会使人们的生活丰富多彩，充满生机，使人类生活的社会生机盎然。同时，由于物质财富和精神财富的可继承性，当代人在继承上辈人所创造的物质财富和精神财富的同时也会推动社会发展。

（4）职业是实现社会控制的重要手段　在和谐社会的构建中，只有每个人安居乐业，社会才能稳定，才能长治久安。每个人都能在各自的职业岗位上，为实现自己的理想努力工作，社会的一些不安定因素便会得到有力的控制，一些不利于社会稳定的社会问题的发生率便会大大减少。因此，职业为满足个人需求和愿望、实现安居乐业和生活安定提供了必要条件。只有实现充分就业，解决好人民生产和生活问题，才能为建设和谐社会，维护社会稳定创造良好前提。不仅如此，各行各业形成的职业规范和职业伦理对于社会控制也能发挥重要的作用。

二、职业分类与发展

1. 职业分类的意义

职业分类是指采用统一的标准和方法，按照统一的分类原则，对社会从业者所从事的工作进行全面和系统的划分。职业分类广泛应用于社会统计、信息服务等方面，也对就业选择和职业培训有着重要影响。通过职业分类，择业者可以更好地认识职业的特点和属性，把握不同职业的本质差别，并结合自身情况选择合适的职业。科学的职业分类体系可以实现人力资源的优化配置，充分发挥劳动者的积极性，促进经济增长。

职业分类对于国家合理开发、利用和综合管理劳动力，提高劳动者的素质，对于民族的兴旺、国家的昌盛意义重大。首先，职业分类是一个国家形成产业结构概念和进行产业结构、产业组织及产业政策研究的基础，对于社会各个行业的发展具有重要意义。其次，职业分类是开展就业指导的前提，科学的职业分类将为国家职业教育和培训事业确定目标和方向，并以此指导职业教育培训工作和职业资格证书制度建设。这充分表明，职业分类在国家人力资源开发体系中具有重要的基础性地位。最后，职业分类的发展也是职业自身发展的需要。职业分类的发展使得从业者了解社会职业领域的总体状况，增强人们的职业意识，促使从业者不断提高职业素质。

2. 我国职业分类概况

2015 年，人力资源和社会保障部组织制订了《中华人民共和国职业分类大典》（以下简称为《大典》），把我国的职业分为四个层次，即大类、中类、小类和细类，依次体现由粗到细的职业类别。细类作为我国职业分类结构中最基本的类别，即职业。《大典》将我国职业划分为 8 个大类，66 个中类，413 个小类，1838 个细类。《大典》的问世，全面系统地反映了我国现阶段的职业分类情况。

八个大类分别是：

第一大类：国家机关、党群组织、企业、事业单位负责人，其中包括 5 个中类，16 个小类，25 个细类；

第二大类：专业技术人员，其中包括 14 个中类，115 个小类，379 个细类；

第三大类：办事人员和有关人员，其中包括 4 个中类，12 个小类，45 个细类；

第四大类：商业、服务业人员，其中包括 8 个中类，43 个小类，147 个细类；

第五大类：农、林、牧、渔、水利业生产人员，其中包括 6 个中类，30 个小类，121 个细类；

第六大类：生产、运输设备操作人员及有关人员，其中包括 27 个中类，195 个小类，1119 个细类；

第七大类：军人，其中包括 1 个中类，1 个小类，1 个细类；

第八大类：不便分类的其他从业人员，其中包括 1 个中类，1 个小类，1 个细类。

如：导游这一职业属第四大类——商业、服务业人员；中类——饭店、旅游及健身娱乐场所服务员；小类——旅游及公共游览场所服务员；细类——导游这一职业，是指：为中外游客组织安排旅行和游览事项，提供向导，讲解和旅途服务的人员。

三、职业生涯

职业生涯是贯穿一生职业历程的漫长过程，拥有成功的职业生涯才可能实现完美人生。在这个重要而又漫长的职业生涯过程中，每个人都会受到社会、家庭、个人等很多因素的影响，我们要平衡和协调好这些要素，使之成为完美职业生涯的促进因素。每个人的职业生涯都是循序渐进的成长过程，唯有走好每一步，才能达到事业成功的彼岸。

1. 职业生涯的内涵

职业生涯的英文是 career，在西方人的概念中，career 一词就如同在战场上驰骋，有未知、冒险、克服困难等的精神含义。与西方人不同，中国文化中"生涯"一词更包含有人生的极限和生活的方式之意。例如，庄子曾说过"吾生也有涯，而知也无涯"，"番家无产业，弓矢是生涯"（马致远《汉宫秋》）。本章的职业生涯概念源自西方的 career 一词，它可以是指"向上的职业流动"，表示个体在职业中可由基层循级而上，也可以是指个体在某个特定时期的某种就业状态或工作状态，还可以是指个体与工作相关的成熟和发展过程。

事实上，当代的职业生涯概念具有极其广泛的意义，主要是指个人与工作相关的整个人生历程，或者说是个人的终身职业经历的发展模式。这里的职业经历包括职位、工作经验和任务等，它们受到诸如兴趣、价值观和需要等个人特点的影响，受到人生发展阶段的影响，也受到组织、行业和社会文化发展的影响。职业生涯是指个体职业发展的历程，一般是指一个人终生经历的所有职业发展的整个历程。

2. 职业生涯对人生发展的意义

在人的一生中，用在职业活动或与职业活动有关的思考和交流沟通等的时间约占可利用的社会活动时间的 71%~92%，有的人甚至更多。职业生涯在人生中占有重要的地位，在人生发展中起着非常重要的作用。

（1）**职业生涯是满足人生需求的重要途径**　美国著名人本主义心理学家马斯洛提出的人的需求理论认为，人的需求由低级向高级层次依次推进，即生理需求、安全需求、友爱和归属的需求、受尊重的需求、自我实现的需求。

毫无疑问，我们的大部分人生需求都要通过职业生涯来满足，而满足的程度取决于职业生涯的发展程度，职业生涯的发展直接影响一个人的生活质量。刚开始参加工作的时候主要是为了满足基本的生理需求，高层次的需求满足非常低。随着职业生涯的发展，需求层次的满足也相应地提高。职业生涯使我们体验到爱与被爱、受人尊敬和自我实现的快乐。

（2）职业生涯是促进人全面发展的重要手段　随着生活水平的提高，人们的自我意识逐步增强，追求全面发展的意识也越来越强烈。人们在渴望拥有丰富的知识、能力、良好的人际关系和健康身心的同时，也渴望在事业上有所建树，并享有幸福和谐的家庭生活和丰富多彩的休闲生活。我们追求成功的职业生涯，最终是要获得个人的全面发展。

职业的发展需要用心"经营"，一份职业的获得是暂时的，而职业生涯的发展是永恒的。在这里，职业不只是谋生的手段，更是实现个人价值、追求理想生活的重要途径。因此，我们应该对自己的职业生涯进行积极有效的开发和管理，才可能拥有成功的职业生涯，实现完美人生。

四、职业生涯的影响因素

1. 教育

教育是赋予个人才能、塑造个人人格、促进个人发展的社会活动，它奠定了一个人的基本素质。一个人通过接受教育或培训，形成了自己特有的知识结构、能力和才干，因此，教育对一个人的职业生涯有着巨大的影响。获得不同的教育程度的人在职业选择与被选择时，具有不同的能量，这关系到一个人职业生涯开端与适应期是否良好，还关系到以后的发展、晋升是否顺利。从一般规律看，接受较高教育水平的人，在就业以后会有较大的发展，即使工作不尽如人意，其流动能力与动机也较强；人们所学专业及职业种类，对其职业生涯有着决定性影响，一专多能者、专业水平和应用技能俱佳者，往往能得到更多的机会，在职业生涯发展中居于主动；人们所接受的不同等级的教育，所学的不同学科门类，所在的不同类别院校及其不同的教育思想，会使受教育者形成不同的思维模式，从而采用不同的态度来对待自己，对待社会，对待职业生涯的发展。

2. 家庭

家庭是人的第一学校。一个人的家庭也是造就其素质以至影响职业生涯的主要因素之一。人从幼年起，就会受到家庭潜移默化的影响，导致形成一定的价值观和行为模式。有的人还从家庭中自觉或不自觉地习得某些职业知识或技能。此外，一个人的家庭成员，在其择业或就业后的流动中，往往给予一定的干预或影响，也会对人的职业生涯产生很大的影响。

3. 性格

性格对一个人的职业生涯有极大的相关性。职业生涯规划大师霍兰德将人的性格分成六种类型，一般人具备的性格可能是其中一种类型或两种以上的混合类型。从事与自己性格相适合的工作，才能让人充分施展自己的才华，全身心地投入工作，取得好的绩效。如果性格与工作不合，再好的能力也难以发挥。

4. 价值观

个人的需求与动机和一个人的追求、价值观、行为方式等都会直接影响到职业生涯的发展。同样的工作对不同的人有着不同的价值，而同一个人对不同的职业也会有不同的态度与抉择。在就业时，人们会根据对不同职业的评价和价值取向来选择自己的职业。人们在不同的年龄阶段、不同的阅历、特别是不同的职业经历状况下，都会根据自己的主观和客观条件，在职业的选择和调整时有不同的动机和需求。

5. 社会环境

人们的职业生涯规划是一种社会行为，它既是有目的的行为，又是在人与人的相互关系中进行的行为。社会环境也是影响职业生涯的重要因素。社会的政治经济形势、社会文化与习俗、职业的社会评价及其时尚等，这些大环境因素决定着社会职业岗位的数量与结构，决定着其出现的随机性与波动性，也决定了人们对不同职业的认定和步入职业生涯、调整职业生涯的决策不同。

6. 性别

虽然男女平等的观念已普遍被现代社会所接受，性别已经不是职业生涯规划的决定因素，但"性别因素"仍然起着重要的作用。事实上，很少有人能完全漠视性别问题。因此每个人都必须合理地考虑自己的职业生涯目标，以便充分发挥自己的性别特色，并使自己获得成功。

此外，健康对于职业选择特别重要，几乎所有的职业都需要健康的身心。健康的身心是从事任何职业的根本保证。

在个人职业发展过程中，不可避免地要受到某些被称为机遇的偶然性因素的影响。有时候，这些偶然性因素的作用是巨大而难于抵制的。然而，有所有准备的人总是要比那些缺乏准备的人更易于掌握主动权，更容易获得机遇的青睐。

五、职业生涯发展阶段

职业生涯是指一个人一生连续从事的职业、承担的工作和职务的时间过程。一般而言（即不包括跨行业"跳槽"），它由职业准备期、职业选择期、职业适应期、职业稳定期、职业衰退期五个相互联系的阶段组成。

1. 职业准备期

学校学习属于职业准备期，是为将来从事的职业进行知识储备和技能储备的时期。这个时期应当以学业为重，重点做好自主学习规划。同时，还要尽可能地了解和感受社会。例如，进行社会调查和实践、利用假期打工等。通过这些社会实践活动，对社会有一个初步的认识，并在实践中锻炼和提高自己的综合素质。

2. 职业选择期

毕业后的1~3年是职业选择期，是事业的起步阶段。这一阶段的主要任务是在充分做好自我分析和环境分析的基础上，选择适合自己的职业，科学地设定自己的人生目标，制订以后的职业生涯发展计划。

3. 职业适应期

工作后的3~5年属于职业适应期。在这期间，要学会做事、学会共事、学会求知。学会做事就是在找到合适的工作后，尽快熟悉业务、尽快成为单位的业务骨干。学会共事即和谐地与人相处，大事讲原则、小事讲风格，与人为善，创造良好的工作氛围。学会求知即是工作后需要继续学习和提高，此时学习更具有方向性和目的性。要结合职业的需要，通过学习，努力成为所在岗位的行家。

4. 职业稳定期

度过职业适应期后就是职业稳定期。职业稳定期是职业生涯中时间最长、精力最充沛、经验和教训最深刻、工作效果最好、发展和成就事业最宝贵的时期。在此期间，要根据形势的变化和自身的条件，关注本行业的新技术及其发展趋势，关注人脉的拓展和加固，善于学习、善于工作、善于调节，适时修订目标，向更高更远的目标前进。

5. 职业衰退期

职业衰退期一般在50岁以后，这是收获事业和享受人生的阶段。这时的收获程度，是建立在职业生涯期前四个阶段都完成好各自目标的基础之上的。当代人的职业生涯应是从生活、工作的艰苦考验中锻炼出来的。

六、职业兴趣

兴趣是最好的老师。如果你做的是自己感兴趣的事，从事的是自己喜欢的工作，那么工作本身就能带给你满足感，你干起活来就有激情，有干劲，永远不会疲倦，你的职业生涯也将会从此变得妙趣横生。因此，我们在设计职业生涯时务必考虑自己的个性特点，珍惜自己的兴趣爱好，选择自己喜欢的职业。

1. 兴趣

兴趣指兴致，对事物喜好或关切的情绪。是指一个人经常趋向于认识和掌握某种事物，力求参与某项活动，并且有积极情绪色彩的心理倾向。它表现为人们对某件事物、某项活动的选择性态度和积极的情绪反应。例如，对绘画感兴趣的人，就会把注意力倾向于绘画，在言谈举止中也会表现出心向神往的情绪；对足球感兴趣的同学，会积极参加足球运动，并能在运动中得到快乐。

兴趣是在需要的基础上，在活动中发生发展起来的。人的需要是多种多样的，一种需要得到满足以后，还会产生新的需要，兴趣也会随着需要的变化而变化。我们习惯上将兴趣和爱好连在一起使用，称为兴趣爱好。其实，爱好是指一个人在兴趣的引导下，经常积极参与某项活动的倾向。爱好是在兴趣的基础上产生的。如一个人对足球运动产生了浓厚兴趣，就会产生参与足球运动的动机，会积极参与足球运动，在活动中他会得到乐趣，于是就产生了对这项活动的爱好。健康的兴趣爱好对我们的人生和个人发展有非常重要的意义。如果我们对从事的工作或学业有兴趣，行动的积极性就高，就能发挥出我们的才能，成功的可能性就大；相反，如果我们对从事的工作或学业没有兴趣，积极性就低，行动意愿不强烈，成功可能性就小或者根本不会成功。

2. 职业兴趣

职业兴趣是指一个人在探究某种职业活动或者从事某种职业活动中所表现出来的特殊个性倾向，它使个人对某种职业给予优先的注意，并具有向往的情感。当人们的兴趣对象指向某一职业时，就形成了一定程度上的职业兴趣。

一个人如果能根据自己的兴趣去选择职业，他的主动性将会得到充分发挥。即使十分疲倦和辛劳，也总是兴致勃勃、心情愉快；即使困难重重，也绝不会灰心丧气，会想尽各种办法，百折不挠地去克服它，甚至废寝忘食，如醉如痴。

职业兴趣是一个多维的概念，人们对某项职业有兴趣，他可以是对职业工作过程本身有兴趣，也可以是对由这项职业带来的各种成果感兴趣。但如果仅对后者感兴趣，那么这种兴趣是短暂的。一个人只有对工作本身感兴趣，淡化职业兴趣中的成果色彩，这种职业兴趣才是长久的，才是可贵的，也是我们最需要的职业兴趣。

（1）职业兴趣的类型　美国心理学家、职业辅导专家霍兰德把劳动者分为六种类型，相应的职业也分为六大类型，提出了他的职业类型匹配理论。

1）现实型。现实型的人喜欢从事操作性强的工作，具有较强的动手能力。这类人往往缺乏宏观思考问题的能力。现实型的职业包括：技能型职业，如电工、机械工、农民；技术性职业，如摄影师、收音机修理工、制图员和某些维修职业。

2）研究型。研究型的人喜欢智力的、抽象的、分析的、推理的、独立的定向任务。这类人往往缺乏领导能力。研究型的职业包括：科学方面的职业，如数学、物理学、化学、生物学等自然科学研究者；技术方面的职业，如图书馆老师、计算机程序编写者、电子学工作者。

3）艺术型。艺术型的人喜欢通过艺术创作来达到自我表现，爱想象、感情丰富、不顺从，有创造性，能反省。这类人往往缺乏办事员的能力。艺术型职业包括：艺术方面的职业，如雕刻家、艺术家和设计师；音乐方面的职业，如音乐教师、管弦乐队的指挥；文学方面的职业，如编辑、作家和评论家。

4）社会型。社会型的人喜欢社会交往，出入社交场合，关心社会问题，愿为宗教或社团工作，以及对教育活动感兴趣。这类人往往缺乏机械能力。社会型的职业包括：教育方面，如教师、教育行政人员，大学教授；社会福利方面，如社会工作者、社会学家、咨询人员和专职护士。

5）企业型。企业型的人性格外向，喜爱冒险活动，喜欢担任领导角色，具有支配、劝说、使用语言的技能，这类人往往缺乏科学研究能力。企业型的职业包括：管理方面，如管理人员、商业主任；销售方面，如销售员、保险员等。

6）常规型。常规型的人喜欢系统的、有条理的工作任务，具有实际的、良好控制的、友善的、相当保守的特点。常规型的职业包括，如办公室人员或办事员、记事员、文件档案的整理员、出纳、会计、秘书、接待员、打字员、记账员等。

（2）兴趣在职业活动中的作用

1）兴趣是职业生涯选择的重要依据。俗话说，兴趣是最好的老师。当一个人对某种职业发生兴趣时，就能调动整个身心的积极性；就能积极地感知和关注该职业的知识、动态，并且积极思考，大胆探索；就能情绪高涨、想象丰富；就能增强记忆效果，增强克服困难的意志。正如同学们在日常生活中喜欢从事自己感兴趣的活动一样，职业生涯规划时也要更倾向于选择自己感兴趣的职业。

2）兴趣可促进才能发挥提高工作效率。当一个人对某一方面的工作有兴趣时，再枯燥的工作也会变得丰富多彩、趣味无穷。兴趣使工作不再是一种负担，而是一种享受。兴趣可以调动人的全部精力，使人以敏锐的观察力、高度的注意力、深刻的思维和丰富的想象力投入工作，促进个人能力的发挥，大大提高工作效率。据统计，如果个人从事自己感兴趣的职业，则能发挥全部才能的80%～90%，而且长时间保持高效率而不感到疲劳；如果一个人对所从事工作没有兴趣，则只能发挥全部才能的20%～30%。

3）兴趣可提高职业稳定性和工作满意度。在其他条件相似的情况下，从事自己感兴趣的职业不但能使人对工作本身感到满意，而且能够让人对工作单位感到满意，并由此导致工作的长期性和稳定性。此外，多方面的兴趣可以使人善于应付多变的环境。当一个人从事自己所喜欢的职业时，心情是愉快的、态度是积极的，而且很有可能在所喜欢的领域里发挥最大的才能，创造最佳的成绩。

（3）职业兴趣的形成规律　兴趣是以一定的素质为前提，在职业生涯实践过程中逐渐产生并发展起来的。它的形成与个人的个性、自身能力、实践活动、客观环境和所处的历史条件都有着密切的关系。职业兴趣的形成和发展是一个不断从简单到复杂、从模糊到明确、从不完善到完善的过程，它经历了有趣、乐趣、志趣三个阶段。

1) 有趣。有趣是职业兴趣的初级阶段。这是由于被一时的新奇、表面的现象所吸引而产生的兴趣。这种兴趣是短暂的、直观的、盲目的。例如，今天看电视剧中的演员很感人，又能一夜走红，便梦想成为一名演员；后天看了甲 A 足球赛，又会萌发当一名职业足球运动员的想法。像这种兴趣来得快，去得也快，属于职业兴趣的有趣阶段。

2) 乐趣。乐趣是在有趣的基础上发展起来的兴趣。这是由于亲自参与并对某一职业领域有了深入了解或在职业活动中取得了一定的成绩，进而发展到乐趣的阶段。这种兴趣具有专一性、自发性和持久性的特点。例如，有的人在真正做了技师后才体会到自己在企业生产中具有不可取代的地位，从而努力工作，以自己做好本职工作为乐趣。

3) 志趣。志趣是由乐趣经过实践的锻炼发展而来的，是职业兴趣的高级阶段，它与人的崇高理想和坚强意志相联系。例如，奥运冠军把自己的乐趣放在运动场上，他们以运动为自己的乐趣，不怕苦，不怕累，跌爬摔打，伤筋动骨，但他们靠意志、耐力最终都走到了世界的最高领奖台。志趣具有社会性、自觉性和方向性等特点，这是一种高尚的兴趣，对每一个人的工作学习有巨大的推动力。现实生活中，我们可能凭兴趣寻找自己喜欢的职业，但由于种种客观因素，许多时候兴趣和职业不相匹配，但我们可以通过自己的主观努力去调适和培养。

(4) 职业兴趣的培养

1) 培养广泛的职业兴趣。拥有广泛职业兴趣的人眼界会更宽广，也更善于应对多变的环境，即使工作性质有所变化，也能够很快地熟悉和适应新的工作环境和新的职业岗位。所以，要用心拓展自己的兴趣。在现实生活中，有人固然可以幸运地凭自己的兴趣寻找到自己喜欢的职业，但大多数人可能由于自己的兴趣有限或种种主、客观因素，最后想选择有兴趣的职业却未能如愿以偿。

事实上，人们是否能从事自己有兴趣的职业，在很大程度上，不取决于主观，而是客观，人们所从事的职业会随着一定的政治和经济形势而有所变化，这是经常发生的事。如果社会需求和所处的客观环境已不再允许一个人从事原来有浓厚兴趣的职业时，千万不能因为自己对新职业不了解而拒绝培养对它的兴趣，从内心排斥新职业，而是要通过多种途径和方法，努力发展和培养职业兴趣，从而增强新职业的适应性，增大事业成功的机率。如果淡化了职业兴趣的功利色彩，一般来说比较容易培养新的职业兴趣。

2) 在专业学习中培养职业兴趣。职业兴趣是以一定的社会职业需要为基础，并在一定的学习和教育条件下形成和发展起来的。在职业兴趣的形成过程中，既有来自父母的耳濡目染、家庭的潜移默化，又有学校教育的整体引导以及社会舆论的导向影响。职业与专业密不可分，在专业知识、专业技能学习的过程中，学习者可以更多地了解本专业相关的职业岗位信息，激发对专业和未来职业的求知欲。

技工院校的学生尚处于职业兴趣的探索阶段，专业理论和专业技能的学习可以让学习者首次了解未来相关职业的意义、责任、回报等，引导大家主动地对将来所从事的职业产生兴趣并保持一个良好的情绪状态。有了开始的职业兴趣，加上专业学习的深入和技能操作的熟练，可以让学习者体验成功的喜悦，进一步激发勇于探索、尝试这个职业的热情，还可以保持对这个职业的兴趣的稳定性和持久性。

3）在职业实践中激发职业兴趣。只有通过职业实践，我们才能对职业本身有深刻的认识和了解，才能在态度上有所改变；只有在了解该职业在社会领域中的意义后，才能明确自己的社会价值，从而激发职业自豪感，进一步激发起职业兴趣；只有在努力学习、刻苦钻研、解决职业难题的过程中付出艰辛，才能尽快掌握新知识和新技术，同时可以激发新的职业兴趣。因而，同学们要在职业实践中不断培养和加深职业兴趣。也许，通过职业实践活动，你会发现自己的职业兴趣，并为之不断奋斗，找到乐趣之所在。

七、职业能力

1. 能力

简单来说，能力是指人们能够顺利地完成某种活动，并直接影响活动效率的本领。能力可以分为一般能力和特殊能力。一般能力，是指人们从事各种活动所必须具备的、并在各种活动中表现出来的基本能力。具体包括观察力、注意力、记忆力、想象力、思维能力五种基本能力。这五种基本能力的有机组合，就是我们常说的"智力"。特殊能力，是指从事各项专业活动的能力，也就是我们平常所说的"特长"，包括计算能力、绘画能力、音乐能力、社交能力、组织管理能力等。

2. 职业能力

职业能力是指个体从事职业活动的能力，是为有效地进行某类特定活动所必须具备的心理特征的综合能力，也是指经过适当学习或训练后，当被置于一定条件下时，能完成某种职业活动的可能性或潜力。

职业能力有两种类型：一种是实际能力，即个人已经具备并表现出来的能力，它是个人在先天遗传基础上学习的结果；另一种是潜在能力，即个人将来可能发展并表现出来的能力，又称倾向。潜在能力是实际能力的基础和前提，而实际能力是潜在能力的展现。

3. 职业能力的分类

（1）一般职业能力　一般职业能力又称普通职业能力，是指人们从事不同职业活动所必须拥有的基本能力，包括观察力、记忆力、想象力、注意力和思维能力等。这些能力是每个人都需要具有的基本能力，可以保证人们掌握一定的知识和技能，顺利从事某种职业活动。但由于个人的知识、经验及认识活动存在差异，所以他们表现出来的行为特征也有所不同。一般职业能力通常表现为语文能力、数学能力、表达能力、交往与合作能力、自我控制能力、适应变化能力、自我反省能力、抗挫折能力、收集处理信息能力、审美能力、创新能力等。

（2）特殊职业能力　特殊职业能力是指从事某一特定职业所必须具备的能力，又称为专门职业能力，如核算能力、设计能力、体育能力、绘画能力、音乐能力、写作能力等。在职业活动中，各种职业都有自身所需要的特殊职业能力。如刺绣工人手和眼的灵敏、仔细、快速的协调能力；高级管理人员运筹帷幄的指挥能力；教师流畅而生动的语言表达能力。这些特殊职业能力对于有的人是有交叉关系的，如一个人既可以是画家又可以是诗人；而对于有的人则是全异关系的，如一个机械师，让他去建筑设计院搞设计，他将无所适从。

一般职业能力和特殊职业能力是不可分割的统一整体。一般职业能力是一切特殊职业能力的基础，一般职业能力的发展为特殊职业能力的发展创造了有利条件，而在特殊职业能力发展的过程中，又会促进一般职业能力的发展，只有在两者的共同作用下，才能使职业活动得以顺利进行。

每个人的职业能力都存在差异，表现在类型、发展水平和发展速度三个方面。首先是类型差异，即人在知觉方面、记忆方面、思维方面存在差异，于是每个人拥有的特殊职业能力的类型就不一样。其次，对于具有同一种职业能力的个人来说，其职业能力的发展水平也不一样，有高、低、强、弱之分。职业能力的这种差异表现在人们的工作效率和成就水平上。最后，即使同一种能力的同一种发展水平，不同的人要达到同一水平，其发展速度也不同，获得成就的早晚也不同。

4. 能力与职业活动的匹配

（1）不同的职业需要不同的能力　职业因工作性质、社会责任、工作内容、工作方法、服务对象和服务手段的不同，决定了它对从业者能力有不同的要求。社会上不同职业都存在一定的差异，各职业要想保证该职业工作的顺利完成，都要求从业者必须具备该职业所需要的职业能力。

各类职业都要求从业人员接受相当的基础教育和职业教育，并且达到某一职业所具备的基础教育水平，这包括理解能力、领会能力、掌握数学与语文等基础文化知识的能力，以及从事某一职业应该具有的、合格的技术与技能水平。

（2）不同的能力适合不同的职业　人的能力类型是有差异的，即人的能力发展方向存在差异。职业也可以根据工作的性质、内容和环境而划分为不同的类型，并且对人的能力也有不同的要求，因而应注意能力类型与职业类型的吻合。能力水平要与职业层次一致或基本一致。对一种职业或职业类型来说，由于所承担的责任不同，又可分为不同层次，而不同的层次对人的能力又有不同的要求。因而，在根据能力类型确定了职业类型后，还应根据自己所达到或可能达到的能力水平确定相适合的职业层次。只有这样，才能使能力与职业的吻合具体化。不同的能力类型适合的职业见表3-1。

表3-1　不同的能力类型适合的职业

能力类型	能力描述	适合职业
察觉细节的能力	对物体和图形的有关细节具有正确的知觉能力	绘图员、工程师、艺术家、医生、护士等
运动协调能力	身体能够迅速而准确地作出动作反应	舞蹈演员、健身教练、运动员等
动手能力	手、手腕、手指能够迅速而准确地操作小的物体	技术工人、检修人员、模型制造人员、手工艺者等
书写能力	对词、印刷物、账目、表格等的细微部分具有正确的感知能力	校对、录入人员、财会人员等
社会交往能力	善于进行人与人之间的互相交往，互相联系，互相帮助，能够协同工作并建立良好的人际关系	公共关系人员、对外联络人员、物业管理人员、酒店服务员等
组织管理能力	擅长组织和安排各种活动，协调参加活动中人的关系的能力	管理人员、如企业经理、基金管理人员等

5. 职业能力形成的规律

（1）职业能力在职业实践中形成　职业能力形成于职业实践活动，并体现在职业实践活动之中，不经过实践、练习、训练就不可能形成职业能力。职业劳动者的职业能力是以其自身职业知识、职业技能的形式表现的，是心理素质、智力素质、身体素质共同作用的结果，是通过职业劳动者直接作用于职业实践活动来体现的。

（2）职业能力是在特定条件下积累形成 不同的职业对从业者的身体素质、心理素质有不同的要求。人的职业能力的形成与发展，受先天遗传、行业发展、职业环境以及人的心理素质等多方面因素的制约。职业能力是逐步形成、积累发展的，体现出初、中、高级等不同的发展与完善水平，广博的职业知识、丰富的职业实践活动、良好的心理品质、适宜的职业发展环境等对职业能力发展和提高有明显的促进作用。

（3）职业能力一旦形成将长期保持 形成完善水平的职业能力，会成为职业劳动者自身素质的组成部分并保持下去。换言之，职业能力经过积累形成之后，不会很快消失，会保持较长的时间并内化成为个人能力的一部分。

6. 职业能力提高的方法

（1）努力学习专业知识 知识是能力的基础，要成为社会所需要的人才，就必须重视知识的学习。当今社会已进入知识经济时代，知识的生产、学习将成为人类最重要的活动，特别是知识的创新，更有特殊的重要性。有过硬的专业知识，是技校生获取就业机会的必备条件。

有些同学认为只要学好操作技术就行了，专业理论知识无所谓，这是极其错误的。只有学好专业理论知识，才能更好地在实践中融会贯通，从而进一步在实践操作中进行技术创新。此外，要建构合理的知识结构，既要有精深的专业知识，又有广博的知识面，具有事业发展实际需要的最合理、最优化的知识体系。因此，同学们在学好专业课的同时，还要兼顾到适应社会对人才综合性知识要求的特点，构建合理的知识结构，以增强毕业后对社会工作的适应性。

（2）加强专业技能训练 专业技能训练不能被忽视，它是技校生生存的基础。专业技能的学习是技工教育学生学习过程中必不可少的环节，对培养目标的实现起着重要作用。学好专业技能有利于专业知识和专业技能结构体系的形成。

在技能训练过程中，能够对书本上的各个知识点进一步加深理解，并串联揉合在一起，有利于形成专业知识和专业技能结构体系。通过技能训练获得感性认识，进而理解和掌握所学的专业理论知识，清除畏难情绪，培养学习兴趣，专业思想也将增强。学好专业技能可使学生在毕业后尽快找到工作岗位并缩短对岗位工作的适应期，是技校生通往社会生活的桥梁。

（3）培养良好的意志品质 良好的意志品质是保证活动顺利进行、实现预定目标的重要条件。意志品质不是天生的，它主要是在实践行动中培养出来的。一要培养自觉的意志品质，自觉的意志品质是指人对自己的行动目的有着正确的认识，并为之不懈地努力；二要培养坚韧的意志品质，坚韧的意志品质是指坚韧不拔、坚持到底的精神，它是青年成才的最重要的意志品质。这种意志品质不是与生俱来的，要从小培养，要坚持锻炼逐步实现。

（4）提高社会适应能力 社会适应能力是指个体在社会认知和社会实践的基础上，不断地调整和改变自己的观念、态度、习惯、行为等，以适应社会的要求和变化。一要保持积极的心态面对新的生活，对适应新环境要有积极的心理准备，绝不能自视清高，脱离实际，用挑剔的眼光看待社会和工作单位，而应该以乐观、主动的心态投向自己的工作岗位；二要培养"归属意识"，把自己置于集体之中，这是开展工作、做出成绩的基础。要自觉地把单位集体作为自己的"家"，热爱它，忠于它，效力于它。多参加集体活动，多进行思想交流，从思想到行动都力争和大家同步，风雨同舟；三要适时展示自己的才干，这是事业上有所作为的关键；四要展现自己的敬业精神和才干，展现自己乐业、勤业、精业的从业态度，对任何工作都不能敷衍，要诚实守信，做一个让人信得过、靠得住的人。

八、职业生涯规划

1. 职业生涯规划的定义

职业生涯规划是指将个人发展与组织发展相结合，对决定一个人职业生涯的主客观因素进行分析、总结和测定，对职业发展道路的设想和规划，包括如何确定职业目标和选择职业、如何在一个职业领域得到发展等内容。确定一个人的事业奋斗目标，并选择实现这一事业目标的职业，编制相应的工作、教育和培训的行动计划，对每一步骤的时间、顺序和方向做出合理的安排。

职业生涯规划也是个人对未来职业前途的展望和预测。有了职业生涯规划，在职业发展的过程中才会有动力、有方向、有目标。有些人在走完自己的职业生涯后才发现，自己的奋斗目标没有完全实现。造成这种结果的原因有多种，其中一个原因就是没有制订出实现自己职业生涯发展的规划、措施、目标；或者说虽然制订了职业生涯规划，但目标脱离了自己的实际情况等。

职业生涯规划是一个人的认识过程和完善过程，需要在2~5年才能逐步形成和完善。因此，每个职业生涯规划者必须正确认识职业、了解社会、认识自我，并需要在较长的时间里完成这个认识过程。

值得注意的是，职业生涯规划的目的决不只是协助个人按照自己资历条件找一份工作，更重要的是帮助个人真正了解自己，为自己制订事业计划，筹划未来，拟订一生的方向，进一步详细估量内、外环境的优势和限制，为自己设计出合理且可行的职业生涯发展方向。职业生涯活动将伴随我们的大半生，拥有成功的职业生涯才能实现完美人生。

职业生涯规划的重点在于：①定向，即确定自己的职业方向。方向和目标有所不同，目标是自己拟订的期望达到的一个理想，而方向是为达到目标而选择的一种路径。如果方向错误，则会偏离目标，即使修正也会花费许多精力和时间。对技校生来说，职业定向需要冷静的头脑和十足的勇气，根据自己的兴趣、理想、专业去选择自己未来的职业方向。②定点，即确定职业发展的地点。就中国来说，各地的经济发展现状和前景都有不同，甚至差异很大。这几年的调查研究报告显示，绝大多数广州技校毕业生选择就业地点还是珠三角地区，但这些地区竞争激烈，外地毕业生还要面临环境、语言、文化等差异带来的困难，这也是技校生就业时要慎重考虑的。③定位，即确定自己在职业人群中的位置。定位过低会导致个人在职业生涯中无法实现自我价值的最大化，过高则容易遭受挫折，从而对职业生活丧失信心。因此，技校生，需要准确地确定自己的位置，不自卑、不自傲，应根据自己的实际水平，在择业时对职位、薪资、工作内容等做好判断和把握。④定心，即稳定自己的心态。人的一生必然会有高低起伏，成功与挫折总是结伴而行，个人的职业生涯也不例外。在实现职业理想与目标的过程中，难免也会有磕磕绊绊和意想不到的困难。对技校生来说，就是要保持一种心态，敢于直视就业过程中的困难和问题，始终坚定地按照自己的计划去实现职业理想。

2. 职业生涯规划的特征

（1）认识的个性化　人的个性化差异和价值追求、职业素质、能力等方面的不同决定了职业生涯规划应因人而异。技校生在职业生涯规划时要根据个体的特点设计适合自己的最佳奋斗目标和有效的行动方案，倡导多元化，鼓励独特性。例如，从性格角度来说，外向者往往希望未来职场生活丰富多彩，流动跳槽与生相伴；而内向者则希望职业旅途平稳顺利，能固定在一个职位上工作。

（2）规划的连续性　职业生涯规划是一项连续而又系统的工作，从广义上讲，职业生涯贯穿人的一生，在个体走上工作岗位之前的所有时光都是个体为职业做准备的时期，而技校是进入专业学习的阶段，尤其显出其职业预备的特点。因此，技校生职业生涯规划不仅仅是毕业阶段的工作与任务，还应当贯穿整个技校生活，并持续下去。

（3）培养的实践性　技校生在进行职业生涯规划时，除了要构建自己合理的知识结构外，还必须具备从事本行业工作的基本能力和专业能力。从职业发展的角度讲，技校生只有将合理的知识结构和适应社会需要的各种能力整合起来，才能在职场中立于不败之地。因而，技校生要努力培养自身满足社会需要的决策能力、创造能力、社交能力、实际操作能力、组织管理能力和自我发展的终身学习能力、心理调适能力、随机应变能力等，使自己不断发展并加以完善。

（4）操作的可行性　职业生涯规划就是在充分了解自己的兴趣、爱好的前提下，在认真分析当前环境形势的基础上，结合自己的专业特长和知识结构，对将来从事的工作所做的方向性的计划安排。规划要有事实依据，并非是美好的幻想或不着边的梦想，否则将会延误职业生涯良机。

（5）时间的适时性　职业生涯规划对处于任何发展阶段的人来说都很重要，尤其是处于青年时代的技校生，因为这是一个人一生最为宝贵的阶段，也是一个人处于左右摇摆、寻找个人定位与发展方向的阶段。技校生能否根据自身的条件和所处的客观环境，认真分析自身的优势和不足，合理进行职业生涯规划，将直接影响其未来的发展和前途。因此，规划的设计应有明确的时间限制和标准，以便评估、检查，使自己随时掌握执行状况，并为规划的修正提供参考依据。

（6）环境的适应性　规划未来的职业生涯目标，涉及多种可变因素，因此规划应有弹性，以增加其适应性。实现职业生涯目标的途径很多，在作规划时必须要考虑到自己的特质、社会环境、组织环境以及其他相关的因素，选择切实可行的途径。

3. 职业生涯规划的意义

（1）职业生涯规划有利于认识自己　职业生涯规划有利于充分认识自己，从而积极发挥自身的优势。一个有效的职业生涯规划设计必须是在充分而且正确认识自身条件与相关环境的基础上进行的。我们可以通过专业的职业测评，来确定自己的核心价值观、个性特点、天赋能力、缺陷、性格、气质、兴趣等影响职业选择和职业发展的重要内在因素。由此来看，第一步就是要充分了解自己，明确自己的优势和劣势，要学会善于剖析自己的个性特征，弄清自己想干什么、能干什么、应该干什么，适合干什么。认识自己了解自己很重要，我们一定要慎重考虑所选的职业是否与自己的性格、职业兴趣相符合，是否能最大限度地发挥自己的潜能，是否有利于今后的长远发展。

（2）职业生涯规划有利于树立职业目标与理想　职业生涯规划有利于树立明确的职业

发展目标与职业理想，激发出动力，从而合理地利用学习时间和学习资源。有不少技工院校的学生对自己的专业学习很迷茫，对未来的目标不明确。职业生涯规划能够帮助同学们加强职业规划意识，使大家尽早树立明确的奋斗目标，了解当前的就业形势，了解各种职业的发展空间，了解社会最急需的职业以及个人目标与现实之间的差距等。从而使我们的学习生活更加充实、丰富，将来的就业成功的机率更高。

（3）职业生涯规划有利于职业生涯发展　职业生涯规划有利于将来的职业生涯发展，提前构筑就业框架，可以避免就业时陷入迷茫。通过合理的职业规划，使个人与职业的契合度越高，职业生涯就越有可能取得极大的发展。职业选择是一个发展的过程，在这个过程中，每一个步骤都与前后步骤有着密切的联系，共同决定着未来职业的发展方向。技工院校学生正是处于对个体职业生涯的探索阶段，这一阶段的职业选择对今后职业生涯的发展有着重要意义。

（4）职业生涯规划有利于提升自身能力　职业生涯规划能够培养学生"早规划早打算才能立足社会"的意识。让我们尽早接触和了解与就业有关的信息和政策，了解自己的兴趣、能力、性格、优势与劣势，借助多方面信息或专业人士的帮助，能够冷静分析自己真正想要从事什么职业、适合什么职业，以及该职业所需要的能力。

4. 职业生涯规划的内容

（1）确立职业方向，设定职业生涯路线　每个人都有自己对未来职业的向往和追求，即拥有自己的职业理想。但是一个人在其成长过程的不同阶段对职业与职业理想的理解、追求是不一样的。小学阶段的很多孩子，就有"长大了要当科学家""当飞行员"，要成为"名人"和"伟人"的远大理想和抱负。

然而随着时间的推移和他们自身的成长，这样的理想慢慢淡化了，变成了更有实际意义的、更为明确的目标。作为一名技校生，都有成才和成就人生的强烈渴望，都已具备对自我、对环境进行理性分析、评价和判断的能力，而且已经有了所学的专业或专业方向，完全可以也应该及早地根据自己的兴趣、爱好和愿望，结合自身的资质和条件，将个人发展与社会需求结合起来考虑，选择并确立自己未来从事的职业或职业方向，即有一个较明确的职业定位。

确立职业方向以后，接下来就要设定将如何沿着自己定位的职业方向，循序渐进地发展，一步一步地走向成功，最终达到自己所期望的、理想的人生目标，即设定自己职业生涯发展的具体路线。这个发展路线实际上是由总体目标与阶段性目标连接而成的，阶段性目标包括"近期目标""中期目标""长期目标"，它们将使职业发展的轨迹清晰可辨、逻辑合理，更重要的是它们将指引并推动你沿着既定的路线奋斗前行，直至达到目标。

总之，职业生涯的规划首先应该选定职业方向、明确职业理想，同时将职业理想的实现划分为几个阶段，如长期目标、中期目标、近期目标。长期目标也可称为战略目标，它是整个职业生涯发展的顶点，是职业理想的最终实现，是长期努力的方向；中期目标则可以看作是亚战略目标，它是达到长期目标的必备条件、必经路径，它将近期目标与长期目标衔接起来，使近期目标的指向更为明确而又不会感觉长期目标遥不可及；近期目标是一个起始目标，是为中期目标的实现而设置的，可以比喻为战术目标，是整个职业生涯中一个基础性、关键性的目标。

对技校生的职业生涯规划而言，其"近期目标"一般是指在校期间的规划目标，即通过3~5年的技校学习生活，到毕业和求职就业时将达到一个什么样的状态或目标。它要解决的是将怎样度过技校生活，以确保你的这一目标、理想届时顺利实现。因此，在这一近期目标下面，可以再细化为一些子目标，以半年或一年为一个阶段制订出若干子目标，作为通往"近期目标"的重要标杆。因此，也可以说，职业生涯规划方案是由一系列具有内在联系的目标系统结合而成的，是由这个目标系统所主导的人生规划蓝图。

（2）制订实现职业目标的行动计划与实施方案　确定了职业生涯目标之后，行动是关键。要把职业规划变成一个可以实现的方案，要将方案中所设定的目标逐一变为现实，最终成就你的职业生涯，就必须制订出相应的切实可行的行动计划与实施方案，否则，它永远只是一个美丽的梦想，一个可望而不可即的海市蜃楼。

首先，必须紧扣目标制订行动方案。即要针对每一个目标规划出一套可行的行动方案，以确保这一目标的实现，让行动的方向盘牢牢掌控在既定的轨道，一步步驶向你的目的地。

其次，行动方案必须是具体化、可操作的。要分析实现每个目标必须具备的条件，评估自我与这一目标的差距及努力的方向，进而拟订出一套周密的行动计划，包括采取什么办法和途径、通过哪些步骤、要做哪些事情和怎么做以及时间上的具体安排与要求等。详实的行动计划应该落实到每学期、每月、每周甚至每一天。有了具体周密的计划，才能做到心中有数，行动按部就班，有条不紊，才能脚踏实地地一步一个脚印地接近既定目标，最终达到目标。

最后，有了行动计划，还必须辅以考核措施，并予以评估与调整。行动计划的实施情况及效果如何，必须定期认真地对照审视，考核评估，自我督查，及时改进与调整。由于影响职业生涯规划的因素很多，有的变化是无法预测的，因此在考核、评估的基础上，应对职业生涯规划的方案适时地、有针对性地进行调整、修订，包括职业的选择、职业生涯路线的设定、实施步骤与措施办法等方面调整、修订，以便让职业生涯规划越来越趋于科学、合理。

5. 职业生涯规划的制订步骤

（1）自我评估　自我评估是指根据自己所处的职业发展阶段、职业倾向和个性心理特征对自我做出全面的分析，即要审视自己、认识自己、了解自己。做好自我评估，主要包括对个人的需求、能力、兴趣、性格、气质等进行分析，以确定什么样的职业比较适合自己和自己具备哪些能力，即要清楚我想干什么？我能干什么？我该干什么？面对众多的职业我会选择什么？有两种方式可以进行自我评估。

第一种方式是自评。包括自我问卷评估，以信息收集为目的的面谈等；参加有关职业生涯规划的研讨班也有助于发现自身的职业兴趣、职业倾向以及人格特质，自评是发现自我的很好工具，通过自评，你可以发现自己的优点和缺点。如果你的某项特质是在压力下才会表现出来的，那么，记着给出压力情境的条件。

第二种方式是专业的测评。专业测评由职业顾问通过一系列测评工具来实现，在专业测评中，职业顾问将分析你的个人兴趣、性格与能力，并给出他们认为适合你的关于职业生涯的建议。

（2）环境评估　"知彼"更重于"知己"。毫无疑问，环境因素对个人职业生涯发展的影响是巨大的，作为社会生活中的一个个体，任何一个人都不可能离群索居，都必须要生活在一个特定的组织环境中。环境为每个人提供了活动的空间、发展的条件、成功的机遇。外部环境评估包括对社会政治环境、经济环境和组织（企业）环境的分析，即评估和分析环境条件的特点、发展与需求变化趋势、自己与环境的关系以及环境对个人提出的要求、环境对自己的影响等。特别是近年来，社会的快速变化，科技的高速发展，市场竞争的加剧，对个人的发展都产生了很大的影响。在这种情况下，个人如果能很好地利用外部环境，就有助于事业的成功，否则，就会处处碰壁，事倍功半，难以成功。

（3）设定职业生涯目标　职业生涯目标的设定，是职业生涯设计的核心之一。成功的职业生涯规划，从制订合适的目标开始。通过前面的步骤，对自己的优势劣势有了清晰的判断，对外部环境和各行各业的发展趋势和人才素质的要求有了客观的了解，在此基础上制订出符合实际的近期目标、中期目标与长期目标。职业生涯目标的选择正确与否，直接关系到人生事业的成功与失败。据统计，在选错职业目标的人当中，超过80%的人在事业上是失败的。由此可见，职业生涯目标的选择对人生事业发展是非常重要。

每个人的条件不同，目标也不可能完全相同，但确定目标的方法是相同的，正确的职业生涯目标设定至少应考虑以下几点：①兴趣与职业的匹配；②性格与职业的匹配；③特长与职业的匹配；④价值观与职业的匹配；⑤内外环境与职业相适应；⑥同一时期目标不宜多，目标要明确具体。

（4）制订行动计划与措施　为实现职业生涯目标的行动计划也称为职业生涯策略。撰写求职简历，应聘面试，工作，参加组织培训、教育，构建人际关系网，谋求晋升，以及跳槽换工作等，都可以看成是职业生涯策略。例如，在工作方面，你计划采取什么措施来提高自己的工作效率；在业务素质方面，你计划如何提高自己的业务能力；在潜能开发方面，你计划采取什么样的措施开发自己的潜能等。这些都要有具体的计划与明确的措施，并且这些计划要特别具体，以便于自己定时检查。

职业生涯策略还包括工作之外的一些前瞻性的准备，包括参加业余的进修班学习，掌握一些额外的技能或专业知识（如注册会计师证，攻读专业学位等）。此外，职业生涯策略还包括为平衡职业目标和其他目标（如生活目标、家庭目标）做出的种种努力。如果忽视了后两者的努力，要想长久保持工作中出色的表现几乎是不可能的，职业目标的实现也会遇到许多牵扯精力的障碍。在确定职业生涯目标和制订行动计划后，行动便成了关键的环节，没有相应的行动，就不可能实现目标，也就谈不上事业成功。

6. 职业生涯规划的反馈与修正

俗话说：计划赶不上变化。影响职业生涯设计的因素是可以预测的，但有的变化因素又难以预测。要使职业生涯设计行之有效，就必须不断地对职业生涯的设计进行评估与修订。修订的内容包括：职业的重新选择，职业生涯路线的调整，人生目标的修正，实施措施与计划的变更等。衡量职业生涯方案优劣的标准有很多种。从个人的角度，可以通过回答与价值观及兴趣的一致性、与组织需求的一致性、与职业需求的一致性、与环境需求的一致性等问题进行评价。

成功的职业生涯规划需要时时审视内外环境的变化，并且调整自己的前进步伐。目标的存在只是为前进指出一个方向，一个人的职业生涯的创造者是其本人，自己可以在不同时间、不同环境下对其职业生涯规划做出调整，使之与理想更相符。

九、职业生涯规划的制订方法

1. SWOT 法

SWOT 法常用在自我和环境分析方面，具体解释：S（strength 优势），W（weakness 弱势），O（opportunity 机会），T（threat 威胁），其中，S、W 是内部因素，O、T 是外部因素。

SWOT 分析可以帮助你分析个人优点和缺点，并且教你评估出自己所感兴趣的不同职业道路的职业机会和威胁所在。利用这种方法可以从中找出对自己有利的、值得发扬的因素，以及对自己不利的、要避开的东西，发现存在的问题，找出解决办法，并明确以后的职业发展方向。

一般来说，在进行 SWOT 分析时，应遵循以下四个步骤：

（1）评估自己的长处和短处（S、W）　我们每个人都有自己独特的技能、天赋和能力。在当今分工非常细的市场经济环境中，每个人都有可能在某一或某些领域游刃有余，而不可能样样精通。

请做个表，列出自己喜欢做的事情和你的长处所在（如果你觉得界定自己的长处比较困难，可以找一些测试题做一做）。同样，通过列表，你可以找出自己不是很喜欢做的事情和你的弱势。

在列出这些后，要将那些你认为对你很重要的强项和弱项标示出来。找出你的短处与发现你的长处同等重要，因为你可以基于自己的长处和短处做两种选择：一是努力提高你的技能去弥补你的弱势；二是放弃对某些你不擅长的技能要求很高的职业。

（2）找出你的职业机会和威胁（O、T）　我们知道，不同的行业（包括这些行业里不同的公司）都面临不同的外部机会和威胁，所以，找出这些外界因素对你的求职是非常重要的，因为这些机会和威胁会影响你的第一份工作和今后的职业发展。如果公司处于一个常受到外界不利因素影响的行业里，很自然，这个公司能提供的职业机会将是很少的，而且没有职务升迁的机会。相反，充满了许多积极的外界因素的行业将为求职者提供广阔的职业前景。

请列出你感兴趣的一两个行业（比如说，IT、保险、金融服务或者电信），然后认真地评估这些行业所面临的机会和威胁。

（3）分析过程　在列表进行 SWOT 分析时，可以参考下列四方面考虑。

个人的优势有：个人的兴趣、爱好、特长；在某方面的专业知识和工作技能；强烈的进取心，独立的思想和长远的眼光；获得的技能证书；自己或父母的关系网。总之，自己可以利用的一切资源都是优势。

个人的劣势有：在某方面专业知识和技能、工作经验的缺乏；不自信或太自负，心态未摆正；与人交谈时沟通不利、表达不清楚、解释问题抓不住重点、谈吐条理不清、声音太小。

外部环境的机遇有：所学专业或技能的未来发展良好；国家整体环境，如经济或政策的支持等。

外部环境的劣势有：想从事的工作所在的行业等发展前景不明；外部环境竞争过于激烈等。

通过这种对自身和外部环境的全面分析，我们就可以扬长避短，发挥个人优势，弥补个人劣势，抓住外部机遇，回避外部威胁，迎接挑战，完善自我、发展自我。

除了列表，我们还可以运用如图 3-1 所示的个人 SWOT 分析图来进行直观的分析。

进行 SWOT 分析应注意的方面：要对个人的优势与劣势有客观的认识，不要过分夸大自己的优势，也不要过于自卑，把自己看得一无是处，分析应客观全面。同时要区分个人的现

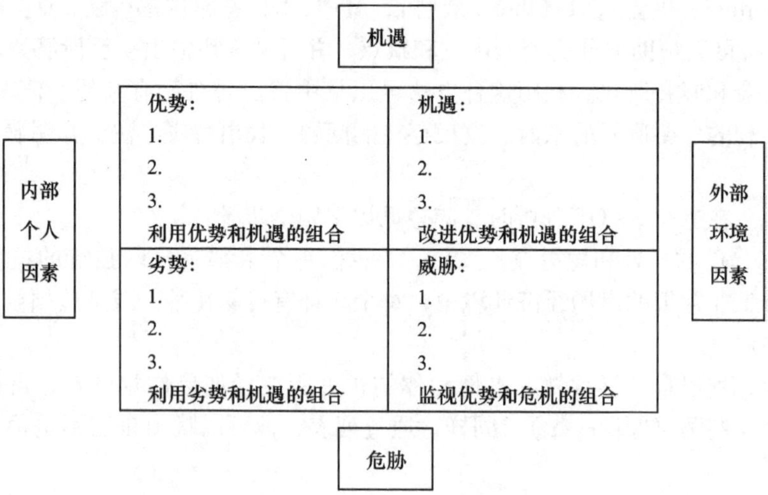

机遇

| 优势:
1.
2.
3.
利用优势和机遇的组合 | 机遇:
1.
2.
3.
改进优势和机遇的组合 |
| 劣势:
1.
2.
3.
利用劣势和机遇的组合 | 威胁:
1.
2.
3.
监视优势和危机的组合 |

内部
个人
因素

外部
环境
因素

危胁

图 3-1　个人 SWOT 分析图

状与前景。要与其他同专业的同学或计划从事同一职业的竞争者进行比较，了解自己的优势与劣势。同时在进行 SWOT 分析时，要注意 SWOT 分析法的简洁化，避免复杂化和过度分析。

2. 5W+1H 法

5W+1H 法即 5 个"WHAT"、1 个"H"的归零思考模式，这个方法简单易行，通过问自己 5 个问题，就大致了解了个人职业生涯的规划情况。下面是 5W+1H 的 6 个问题：

——Who am I?（我是谁?）

——What will I do?（我想做什么?）

——What can I do?（我能做什么?）

——What does the situation allow me to do?（环境支持或允许我做什么?）

——What is the plan of my career and life?（我的职业与生活规划是什么?）

——How can you do?（你应该怎样做?）

回答了前面 5 个问题，找到它们的最高共同点，你就知道自己应该怎样去做，也就有了自己的职业生涯规划。

对于第一个问题，应该对自己进行一次深刻反思，有一个比较清醒的认识，优点和缺点都应该一一列出来；静心的去想自己是个什么样的人，有什么性格特点。

第二个问题是对自己职业发展的一个心理趋向的检查，要问自己：我的人生理想是什么？我最期望做什么？有的人期望成为技师，有的期望成为一个职业经理人，有的人期望成为成功创业者，那么你呢？除了这些事业上的期望，你对生活有什么期望，希望周游各国，还是期望平淡的生活？期望和睦的家庭还是其他……同时，还要对自己期望做的事情进行排序，有的人可能将家庭放在第一位，有的人将事业放在第一位，所以排序是必不可少的一项工作，这些排序的具体内容就体现了你对职业和生活的价值观与价值体系。

第三个问题则是对自己能力与潜力的全面总结，一个人职业的定位最根本的还要归结于他的能力，而他职业发展空间的大小则取决于个人的潜力。对于一个人潜力的了解应该从几个方面着手去认识，例如，知识结构是否全面、是否愿意及时更新；对事物的兴趣、做事的韧劲、临事的判断力以及解决问题的能力等。这时要将自己会做的、擅长的项目进行罗列。

第四个问题中的环境支持在客观方面包括本地的各种状态，如经济发展、人事政策、企业制度、职业空间等；主观方面包括同事关系、领导态度、亲戚关系等，两方面的因素应该综合起来看。环境支持是建立在自己的能力之上的。

明晰了前面 4 个问题，就会从各个问题中找到对实现有关、对职业目标有利和不利的条件，列出不利条件最少的、自己想做且能够做的职业目标，那么第 5 个问题自然就有了一个清楚明了的框架。

接下来就是将前面 4 个问题的交集进行汇总合并，然后给自己一个设想：10 年后，我将成为什么样子？那么 5 年后的我该做什么？3 年后的我该干什么，1 年后的我该干什么，明天、今天的我该做什么呢？这样，你的职业生涯就规划设计出来了。

3. 平衡单法

平衡单法常用在路线确定方面，当个体面对多种路径选择而无法决定时，平衡单法是协助个体理智决策的一种有效方法。平衡单法的主要内容包括个体可选择的方案、看重的相应因素、因子的评分和加权等。即根据自我部分、外在部分、自己与环境部分三个方面，写出未来具体职业的发展方案。

根据自己的主观感受，针对不同的职业回答每个项目的得失，明确自己考虑的要素，并将它们量化，分析职业发展方案，选择的结果就会一目了然。比较每一种方案的综合得分并据此做出职业生涯决定，此决定就是用职业生涯抉择平衡单法所做出的综合效用最大化的决定。

平衡单法分析步骤：

第一步，列出你规划好的三个职业生涯路线。

第二步，列出每个工作你曾经考虑的条件，并考虑每个工作能符合这些条件的得失程度，从 $-5 \leftarrow 0 \rightarrow +5$ 给予其分数。

第三步，依分数累计，排出优先级。

平衡单

选择项目		路线一		路线二		路线三	
考虑因素		加权分数					
		+	−	+	−	+	−
个人物质方面得失	1. 福利薪水						
	2. 个人花费						
	3.						
他人物质方面得失	1. 家人开支						
	2.						
个人精神方面得失	1. 精神状态						
	2. 工作的压力						
	3. 个人成就感						
	4. 生活满意度						
	5.						

（续）

选择项目		路线一		路线二		路线三	
考虑因素		加权分数					
		+	−	+	−	+	−
他人精神方面得失	1. 家人的态度						
	2 朋友的态度						
	3.						
	4.						
	5.						
合计							
总计							

4. 典型人物分析法

典型人物分析法就是寻找一个跟自己背景相似的典型人物加以分析比较，树立职业榜样，从而找出自己可能的发展方向。比如一些经典案例、学长学姐的故事都可以。老师们也会在课堂上给大家讲讲优秀学生的例子，大家留心思考，会对你的职业生涯规划有很大的帮助。

职业生涯规划的方法还有很多，比如，实地参观考察也是真实体验职业的好办法，这样你可以对自己未来的工作环境有一个更直接的接触，从而做出相应的决策，或者改变自己的决定。

学习活动 2　制订职业生涯规划计划

学习目标

1）能制订职业生涯规划计划的内容。
2）能把握职业生涯规划书的核心内容。
建议学时：4学时。

学习准备

教材、实训室设备、多媒体设备、互联网资源，互联网资源请参考本任务学习活动1。

学习过程

职业生命是有限的，如果不进行有效的规划，势必会造成生命和时间的浪费。作为工业机器人应用专业人才，倘若你带着一脸茫然踏入这个拥挤的社会，怎能满足社会的需要，使自己占有一席之地？因此，试着为自己拟订一份职业生涯规划，将自己的未来好好地设计一下。

一、职业生涯规划书包含什么内容？

二、请制订职业生涯规划书的计划。

学习活动3 编制职业生涯规划书

 学习目标

1) 能客观分析自身优劣势, 选择适合自己的发展道路。
2) 根据自身的情况编制出人个职业生涯规划。
建议学时: 1学时。

 学习准备

教材、实训室设备、多媒体设备、互联网资源, 互联网资源请参考本任务学习活动1。

 学习过程

一、通过这次讲座, 你了解自己了吗? 请从自身的性格、兴趣、知识、技能和优势、劣势等方面进行自我分析。

二、个人的发展离不开环境因素的影响, 请从下面几个方面来对自己的职业生涯进行分析, 见表3-2。

表 3-2　个人职业生涯的环境因素

职业生涯规划人：

序号	考虑因素	环境分析	具体内容	备注
1	家庭	经济状况		
2		家人期望		
3		家乡文化		
4	学校	学校特色		
5		专业学习		
6		实践条件		
7	社会	就业形势		
8		就业政策		
9		社会对专业认可度		
10	职业	行业现状		
11		发展趋势		
12		就业前景		
13		工作环境		
14		企业文化		

三、你对自己的职业是否已经有了答案？请根据自我分析、职业分析两部分的内容确定自己的职业并完成你的职业生涯规划，见表 3-3。

表 3-3 个人职业生涯规划表

规划名称	时间	目标	规划内容	策略和措施	备注
近期规划 （三年规划）					
中期规划 （毕业后五年）					
长期规划 （毕业后十年）					

学习活动4 评价职业生涯规划书

学习目标

1）结合实际情况评价你的职业生涯规划书。
2）能总结出职业生涯规划对个人发展的益处。
建议学时：1学时。

学习准备

教材、实训室设备、多媒体设备、互联网资源，互联网资源请参考本任务学习活动1。

学习过程

一、推荐汇报人展示已做好的职业生涯规划书。
二、其他小组成员提出建议。
三、填写评价表（见表3-4）。

表3-4 职业生涯规划书评价表

姓名			班级				
序号	评价项目		评价内容	配分	自评分	他人评分	小计得分
1	职业素养		积极参与调研活动	10			
2			认真聆听访谈者的谈话	10			
3			团队协作精神	10			
4	计划能力		小组分工是否合理	10			
5			个人职业生涯的环境因素分析准确	10			
6	调研实施		自我分析全面	10			
7			分析符合实际	10			
8	评价		汇报人神态自然	10			
9			汇报语言清晰	10			
10			汇报内容准确	10			
合计				100			